智能化融媒体新形态教材

有色金属智能冶金技术
实验实训指导

主　审　李自玺
主　编　魏建华
副主编　李克恩　徐兴莉
参　编　苏瑞娟　都美花

合肥工业大学出版社
HEFEI UNIVERSITY OF TECHNOLOGY PRESS

图书在版编目（CIP）数据

有色金属智能冶金技术实验实训指导 / 魏建华主编 . — 合肥：合肥工业大学出版社，2023.10

ISBN 978-7-5650-6475-3

Ⅰ . ①有… Ⅱ . ①魏… Ⅲ . ①有色金属冶金—实验 Ⅳ . ① TF8-33

中国国家版本馆 CIP 数据核字（2023）第 198691 号

有色金属智能冶金技术实验实训指导
YOUSE JINSHU ZHINENG YEJIN JISHU SHIYAN SHIXUN ZHIDAO

魏建华 主编

责任编辑	赵 娜	
出版发行	合肥工业大学出版社	
地　　址	合肥市屯溪路 193 号	
网　　址	www.hfutpress.com.cn	
电　　话	理工图书出版中心：0551-62903004	
	营销与储运管理中心：0551-62903198	
规　　格	787 毫米 × 1092 毫米　1/16	
印　　张	14.25	
字　　数	320 千字	
版　　次	2023 年 10 月第 1 版	
印　　次	2023 年 10 月第 1 次印刷	
印　　刷	三河市海新印务有限公司	
书　　号	ISBN 978-7-5650-6475-3	
定　　价	45.00 元	

如果有影响阅读的印装质量问题，请与出版社营销与储运管理中心联系调换

前言

党的二十大报告指出，"高质量发展是全面建设社会主义现代化国家的首要任务。……建设现代化产业体系。坚持把发展经济的着力点放在实体经济上，推进新型工业化，加快建设制造强国、质量强国、航天强国、交通强国、网络强国、数字中国。"深入学习贯彻党的二十大精神，把党的二十大的重大决策部署付诸行动，在职业教育实验实训的教学环节，融入创新意识、工匠精神、劳动精神。

高等职业院校的有色金属智能冶金技术专业，旨在培养德智体美劳全面发展，且具备冶金行业相应岗位专业知识，有较强的岗位操作技能，掌握智能冶金过程控制技术，适应新技术新工艺的发展要求，并能在冶金领域从事生产、建设、管理、服务和研究的一线高素质技能型专门人才。

实验实训是实现职业教育冶金专业人才培养目标的重要支撑。通过相关实验实训内容的学习与训练，学生能够提高运用理论知识分析并解决实际问题的能力，加强团队协作精神和自主创新意识。

本书系根据有色金属智能冶金技术专业人才培养目标及专业课程教学标准和要求，贯彻落实教育部关于推进"1＋X"证书试点工作的精神，结合冶金专业实验实训情况，将基础化学，冶金原理，冶金自动化技术，有色冶金原料、工艺、设备，稀贵金属冶金技术，钢铁冶金技术等专业主干课程的相关实验实训，以及"1＋X"冶金机电设备点检证书训练考核内容进行有机融合，按基础实验、技能实训和虚拟仿真实训进行模块划分，进而分专题进行具体的介绍。本书侧重实用性和内容的完整性，以冶金专业基础实验和冶金专业技能实训为基础，有机结合冶金生产虚拟仿真实训系统应用，兼顾综合性、特色性实训，大力培养学生的实训技能、动手能力、工程实践能力和创新能力。本书可作为高等职业院校冶金专业学生的实验实训教材，亦可供冶金相关企业作为职工培训教材。

本书为智能化融媒体新形态教材，配套资源丰富，包括课件平台、在线测试题、试题库等，读者可扫描微信小程序码，通过微信小程序浏览查看。

《有色金属智能冶金技术实验实训指导》

本书由甘肃有色冶金职业技术学院冶金教研室魏建华担任主编，李克思、徐兴莉担任副主编，苏瑞娟、都美花参与编写；由金川集团铜业有限公司李自玺担任技术指导。其中，魏建华负责基础实验单元实验十、实验十四、实验十五、实验十九、实验二十，技能实训单元实训四、实训八、实训九、实训十、实训十一、实训十二，虚拟仿真实训单元虚拟仿真一、虚拟仿真二、虚拟仿真三、虚拟仿真四、虚拟仿真五的内容编写；苏瑞娟负责基础实验单元实验十二、实验十三、实验十六、实验十七、实验二十一、实验二十二，技能实训单元实训三、实训五，虚拟仿真实训单元虚拟仿真六、虚拟仿真七的内容编写；徐兴莉负责基础实验单元实验七、实验八、实验九、实验十一、实验十八，技能实训单元实训六、实训七的内容编写；李克恩负责基础实验单元实验一、实验二、实验三、实验四、实验五、实验六、实验二十三、实验二十四、实验二十五，技能实训单元实训一、实训二，虚拟仿真实训单元虚拟仿真八、虚拟仿真九、虚拟仿真十、虚拟仿真十一的内容编写；都美花负责技能实训单元实训十三、实训十四、实训十五、实训十六、实训十七、实训十八的内容编写；魏建华、苏瑞娟、李克恩负责仿真实训操作系统简介的编写。全书由魏建华统稿，李自玺审定。

由于编者水平有限，书中难免有不妥之处，诚请广大读者批评指正。

编　者

2023 年 5 月

目 录

第一篇

基础实验单元

实验一 常见仪器及操作认识

一、实验目的

- 认识常见的化学仪器。
- 练习化学实验中的几个简单的操作。

二、实验步骤

1. 常用仪器展示

常用化学仪器如图 1-1-1 所示。

图 1-1-1 常用化学仪器

2. 常见的实验操作

(1) 取粉状固体，如图 1-1-2 所示。用药匙取少量粉状固体，置于折好的纸槽中，送入试管底部，再缓慢竖立试管。

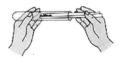

图 1-1-2 取粉状固体

(2) 取粒状固体，如图 1-1-3 所示。用镊子取粒状固体，水平拿试管，将粒状固体放入试管口，再缓慢竖立试管，让粒状物滑至试管底部。

图 1-1-3 取粒状固体

(3) 倾倒液体，如图 1-1-4 所示。左手握住试管，略微倾斜，右手握住试剂瓶，两口相对，将液体缓慢倒入试管。

图 1-1-4 倾倒液体

(4)滴加液体，如图 1-1-5 所示。用胶头滴管吸取滴瓶里的液体，将胶头滴管移动至试管上方，逐滴加入。

图 1-1-5　滴加液体

（5）量取液体，如图 1-1-6 所示。用量筒量取液体时，视线必须与被量液体凹液面的最低处水平相切。

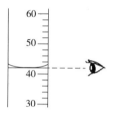

图 1-1-6　量取液体

3. 玻璃仪器洗涤

玻璃仪器洗涤如图 1-1-7 所示。

(1)将试管内废液倒入废液缸，注入半试管水振荡后倒掉再注水，反复数次。

(2)将试管刷轻轻旋转进入试管，刷时小心地上下转动。

图 1-1-7　玻璃仪器洗涤

三、实验后反思

(1)通过本次实验，你学会了上面的各项基本操作吗？各有哪些注意事项？

(2)本次实验的各项操作中，你认为哪些比较难？难在哪里？打算怎样进一步学习？

四、能力提高

如果上述实验，你提前做好了，而且情况良好，那么试试下面这个实验你能否在 10 min 内顺利地完成。

实验要求：

（1）用托盘天平称取 1 g 食盐，倒入试管中；

（2）用量筒量取 4 mL 水，倒入上述试管中；

（3）加热试管内的液体。

实验二 药品的称量

一、实验目的

- 掌握托盘天平、电子天平的结构、原理。
- 掌握天平的调节和使用方法。
- 掌握固体和液体的称量方法。

二、实验原理

1. 托盘天平的使用

托盘天平结构如图 1-2-1 所示。

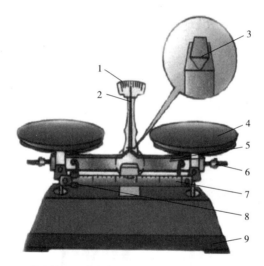

1—分度尺；2—指针；3—刀口；4—托盘；5—横梁；
6—平衡螺母；7—标尺；8—游码；9—底座。

图 1-2-1 托盘天平结构

操作托盘天平时应注意以下事项。

（1）将托盘天平水平放置，然后把游码移至标尺左端"0"位处，调节平衡螺母，使指针对准分度尺中线达到平衡，或者指针左右摆动相同的角度。

（2）称量物体时，应将待称体放在左盘，砝码放在右盘，并尽量把物体和砝码放在盘的中心。取放砝码应该用镊子夹取(有的托盘天平的砝码盒里没有镊子，可用软纸垫在手指上去拿取)，否则砝码极易被手上的汗水等锈蚀。取放物体和砝码都要小心轻放，以免损坏天平。

（3）待称物体的质量不得超过托盘天平的最大称量值，以免损坏横梁影响感量。所加砝码的总质量应略小于物体的质量，然后移动游码使托盘天平达到平衡。托盘天平平衡时，砝码的总质量加上标尺上游码所在位置表示的质量，就是待称物体的质量。用公式表示为

$$m = m_{砝码} + m_{游码}$$

2. 电子天平的使用

1）电子天平的构造原理及特点

原理：根据电磁力平衡原理直接称量。

特点：性能稳定、操作简便、称量速度快和灵敏度高；能进行自动校正、去皮和质量电信号输出。

2）电子天平的使用方法

（1）水平调节，水泡应位于水平仪中心。

（2）接通电源，预热 30 min。

（3）打开开关"ON"，使显示器亮，并显示称量模式为"0.000 0 g"。

（4）称量：按"TAR"键显示"0.000 0 g"后将待称物体放入盘中央，待读数稳定后，该数字即为待称物体的质量。

（5）去皮称量：将空容器放在盘中央，按"TAR"键清零后显示"0.000 0 g"，即去皮。将待称物体放入空容器中，待读数稳定后，此时天平所示读数即为待称物体的质量。

3. 称量方法

1）直接称量法

直接称量法用于直接称量某一固体物体的质量。

要求：待称物体洁净、干燥，不易潮解、升华，无腐蚀性。

方法：天平调平（零）后，把待称物体用一干净的纸条套住（也可戴专用手套），放在托盘天平左盘中央，调整砝码、游码使托盘天平平衡，读数（若为电子天平则直接读数）。

2）固定质量称量法

固定质量称量法用于称量指定质量的试样。例如，称量基准物质，来配制一定浓度和体积的标准溶液。

要求：试样不吸水，在空气中性质稳定，颗粒（粉末）细小。

方法：先去皮，再用牛角勺将试样慢慢加入容器中进行称重。当所加试样与指定质量相差不到 10 mg 时，剩余试样需慢慢抖入容器中（将盛有试样的牛角勺伸向托盘上容器上方 2~3 cm 处，牛角勺的另一端顶在掌心上，用拇指、中指和掌心拿稳牛角勺，并用食指轻弹勺柄），直至天平平衡。

3）递减称量法/差量法

递减称量法/差量法用于称量一定质量范围的试样。适于称取多份易吸水、易氧化或易于和 CO_2 反应的物质。

（1）准备一个已干燥好的称量瓶，称其质量。

（2）将稍多于需要量的试样用牛角勺加入称量瓶，称准确质量（准确到 0.1 mg），记录读数，记为 m_1g。

（3）将称量瓶拿到接受容器上方，右手用纸片夹住瓶盖柄，打开瓶盖。将瓶身慢慢向下倾斜，并用瓶盖轻轻敲击瓶口，使试样慢慢落入接受容器内（不要把试样撒在容器外）。当估计倾出的试样已接近所要求的质量时（可从体积上估计），慢慢将称量瓶竖起，并用盖轻轻敲瓶口，使黏附在瓶口上部的试样落入瓶内，盖好瓶盖，将称量瓶放回天平上称量。设此时质量记为 m_2g，则倒入接受容器中的质量为 (m_1-m_2)g。重复以上操作，可称取多份试样。

三、实验设备、原料和试剂

1. 实验设备

电子天平、托盘天平、烧杯、称量瓶、滤纸和毛刷等。

2. 原料和试剂

矿粉和 NaCl 等。

四、实验步骤

1. 托盘天平的使用

（1）清理托盘，左右托盘分别放置大小相等的滤纸，将托盘天平调平。

（2）称量空烧杯质量，记为 m_0。

（3）向空烧杯中加入一定质量的 NaCl，称其质量，记为 m_1。

（4）计算 NaCl 质量，即为 $m_2=m_1-m_0$。

2. 电子天平的使用

（1）确认电子天平处于水平状态，按"ON"键开机后，用毛刷清理托盘。

（2）将空烧杯放置于托盘中央，按"TAR"键清零。

（3）向空烧杯中加入 50 g 矿粉，称其准确质量，记为 m_3（$m_3=50$ g±0.1 g）。

3. 矿粉的称量

（1）确认电子天平处于水平状态，按"ON"键开机后，用毛刷清理托盘，按"TAR"键清零。

（2）将适量矿粉装入称量瓶中，盖好瓶盖。

（3）将称量瓶放置于托盘中央，称其准确质量，记为 m_4。

（4）取下称量瓶，打开瓶盖，向接受容器中倒入适量矿粉，盖好瓶盖。

（5）将称量瓶放置于托盘中央，称其准确质量，记为 m_5。

（6）计算倒入接受容器中矿粉的质量，即为 $m_6=m_4-m_5$。

五、数据记录

将数据记录在表 1-2-1 中。

表 1-2-1　数据记录

项目	质量/g
m_0（空烧杯）	
m_1（空烧杯+NaCl）	
m_2（NaCl）	
m_3（矿粉）	
m_4（称量瓶+矿粉）	
m_5（称量瓶+剩余矿粉）	
m_6（接受容器中矿粉）	

实验三 液体的取用

一、实验目的

- 掌握量筒、量杯的使用。
- 掌握移液管和吸量管的使用。
- 掌握量具的读数方法。

二、实验原理

1. 量筒的使用

1) 规格

量筒、量杯是用来量取液体的一种玻璃仪器，规格有 10 mL、25 mL、50 mL、100 mL、250 mL 和 1 000 mL 等。实验中应根据所取溶液的体积，尽量选用能一次量取的最小规格的量筒或量杯，分次量取会引起误差。例如，量取 85 mL 液体应选用 100 mL 量筒。

2) 注入液体

向量筒或量杯里注入液体时，应用左手拿住量筒或量杯，使其略倾斜，右手拿试剂瓶，标签对准手心。使瓶口紧挨着量筒或量杯口，让液体缓缓流入，待注入的量比所需要的量稍少(约差 1 mL)时，应把量筒或量杯水平正放在桌面上，用胶头滴管逐滴加入所需要的量。

3) 读数

读取液体体积时，量筒必须放平，视线与量筒内液体凹液面的最低处保持水平相切，再读数(见图 1-3-1)。

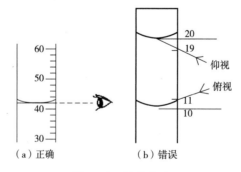

图 1-3-1 读数方法

错误的方法：

俯视，视线斜向下，视线与量筒壁的交点在水面上，所以读出的数值比实际值数值偏大。

仰视，视线斜向上，视线与量筒壁的交点在水面下，所以读出的数值比实际数值小。

4) 用量筒或量杯测量固体体积

在用量筒或量杯测量固体体积时，先在量筒或量杯里倒入一定量的水，记下水面到达的刻度，加入待测量固体，再记下水面到达的刻度，两次刻度的差就是待测量固体的体积。

5) 使用注意事项

(1) 量筒是不能加热的，也不能用于量取过热的液体，更不能在量筒中进行化学反应或配制溶液。

(2) 量筒一般只能在要求不是很严格的实验中使用，通常可以应用于定性分析和粗略的定量分析实验。精确的定量分析是不能使用量筒进行的，因为量筒的误差较大。

(3) 从量筒中倒出液体后是否要用水冲洗要看具体情况而定。如果为了使所取的液体量更准确，用水洗涤后并把洗涤液倒入所盛液体的容器中是不必要的，因为在制造量筒时已经考虑到有残留液体这一点；相反，洗涤反而使所取体积偏大。如果是用同一量筒再量别的液体，这就必须用水冲洗干净并干燥，防止相互污染。

(4) 10 mL 的量筒一般不需读取估读值。因为量筒是粗量器，并且又是量出仪器，在倒出所量取的液体时，总会有 1~2 滴 (1 滴相当于 0.05 mL) 附着在内壁上而无法倒出，其相差的体积大小已经和其最小刻度差相同，所以估读值再准确也无多大意义，只需读取到 0.1 mL。规格大于 10 mL 的量筒一般需要读取估读值，若不读取，误差反而更大。因此，无论多大规格的量筒，一般读数都应保留到 0.1 mL。

2. 移液管的使用

移液管是准确移取一定体积液体的量器。它的中间有一膨大部分 (称为球部)，上下两段细长，上端刻有环形标线，球部标有容积和温度。常用的移液管有 10 mL、20 mL、25 mL 和 50 mL 等多种规格。

吸量管是具有分刻度的玻璃管，又称为刻度移液管。常用的吸量管有 1 mL、2 mL、5 mL 和 10 mL 等多种规格。用它可以吸取标示范围内所需任意体积的溶液，但准确度不如移液管。

1) 移液管和吸量管使用前的准备工作

(1) 洗涤：移液管和吸量管的洗涤应达到管内壁和其下部的外壁不挂水珠。

先用水洗，若达不到洗涤要求，可将移液管插入洗液中，用洗耳球慢慢吸取洗液至管内容积 1/3 处，用食指按住管口把管横过来，转动移液管，使洗液布满全管，稍停片刻将洗液放回原瓶。如果内壁沾污严重，可把移液管放在高型玻璃筒或量筒中用洗液浸泡 20 min 左右 (或数小时)，然后用自来水冲洗、蒸馏水润洗两或三次，润洗的水从管尖放出，最后用洗瓶吹洗管的外壁。

(2) 润洗：为保证移取的溶液浓度不变，先用滤纸将移液管尖嘴内外的水吸净，然后用少量被移取的溶液润洗三次 (每次 8~10 mL)，并注意勿使移液管中润洗的溶液流回原溶液中。

2)移液操作

(1)用右手大拇指和中指拿住移液管标线的上方,将移液管的下端伸入被移取溶液液面下 1~2 cm 处。伸入太浅,会产生空吸现象;伸入太深又会使管外壁吸附溶液过多,影响所量体积的准确性。

(2)左手将洗耳球捏瘪并把尖嘴对准移液管口,慢慢放松洗耳球,使溶液吸入移液管中(见图 1-3-2)。当溶液上升到高于标线时,迅速移去洗耳球,立即用食指按住移液管口。

(3)取出移液管,用滤纸除去管外壁附着的溶液,然后使管的尖嘴靠在储液瓶内壁上,减轻食指对移液管口的压力,用拇指和中指转动移液管,使液面逐渐下降,直到溶液凹液面与标线相切时,用食指立即堵紧移液管口,不让溶液再流出。

(4)取出移液管插入接受容器中,移液管垂直、移液管的尖嘴靠在倾斜(约 45°)的接受容器内壁上,松开食指,让溶液自由流出(见图 1-3-3)。全部流出后再停顿约 15 s,取出移液管。

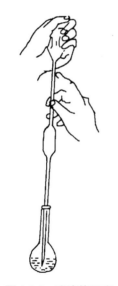

图 1-3-2　移液管吸液　　　　　　图 1-3-3　移液管放液

吸量管的操作方法同上。使用吸量管时,通常是使液面从吸量管的最高刻度降到某一刻度,两刻度之间的体积差恰好为所需体积。在同一实验中尽可能使用同一吸量管的同一部位。

3)使用注意事项

(1)移液后,勿将残留在尖嘴末端的溶液吹入接受容器中,因为校准移液管时,没有把这部分体积计算在内。个别移液管上标有"吹"字样的,应把残留在尖嘴末端的溶液吹入接受容器中。

(2)用移液管吸取液体尤其是有毒或强腐蚀性液体时,必须使用洗耳球或抽气装置,切记勿用口吸。

(3)保护好移液管和吸量管的尖嘴部分,用完洗好及时放在移液管架上,以免在实验台上滚动打坏。

（4）共用移液管实验完毕，立即洗涤干净，要经监护人员检查后放回原处。

三、实验设备、原料和试剂

1. 实验设备

烧杯、滤纸、量筒（10 mL）、量杯（100 mL）、移液管（25 mL）、吸量管（10 mL）和洗耳球等。

2. 原料和试剂

水等。

四、实验步骤

1. 量筒/量杯的使用

（1）清洗量筒/量杯，晾干备用。

（2）量取一定质量的水，质量记为 $m_水$、体积记为 V_1（精确到 0.1 mL）。

2. 移液管/吸量管的使用

（1）在洁净、干燥烧杯中盛放适量水。

（2）洗涤、润洗移液管/吸量管。

（3）用吸量管吸取 10 mL 水，用差减法放出 2 mL 水于空烧杯中。

（4）用移液管移取 25 mL 水于烧杯中。

五、数据记录与处理

$m_水 = $ ＿＿＿＿＿ g；

$V_1 = $ ＿＿＿＿＿ mL。

有色金属智能冶金技术实验实训指导

实验四　溶液的配制

一、实验目的

- 掌握容量瓶、吸量管的使用方法。
- 掌握溶液浓度的计算方法。
- 掌握一定浓度的溶液配制方法。

二、实验原理

1. 容量瓶的使用

容量瓶是一种细颈梨形的平底玻璃瓶，带有磨口玻璃塞或塑料塞，颈部刻有环形标线。一般表示在 20 ℃时充满标线溶液体积为一定值，容量瓶有 25 mL、50 mL、100 mL、250 mL、500 mL 和 1 000 mL 等多种规格。

容量瓶是配制标准溶液或样品溶液时使用的精密量器。

1）容量瓶的检查

（1）使用容量瓶前先检查瓶塞是否漏水：向容量瓶中加自来水至刻度标线附近，盖好瓶塞，左手食指按住塞子，其余手指拿住刻度标线以上部位；右手指尖托住瓶底边缘，将瓶倒立 2 min。如不漏水，将瓶直立，旋转瓶塞 180°后，再倒立 2 min，仍不漏水方可使用。

（2）检查刻度标线距离瓶口是否太近：如果刻度标线离瓶口太近，则不便混匀溶液，不宜使用。

2）溶液配制

用容量瓶配制标准溶液或样品溶液时，最常用的方法是将准确称量的待溶固体置于小烧杯中，用蒸馏水或其他溶剂将固体溶解，然后将溶液定量转移至容量瓶中。

（1）转移时，右手拿玻璃棒，左手拿烧杯，使烧杯嘴紧靠玻璃棒。玻璃棒伸入容量瓶内，把溶液沿玻璃棒倒入。玻璃棒的下端应靠在瓶颈内壁，使溶液沿玻璃棒流入容量瓶中（见图 1-4-1）。

（2）溶液流完后，将烧杯轻轻沿玻璃棒向上提起使附着在玻璃棒和烧杯嘴之间的液滴回到烧杯中（玻璃棒不要靠在烧杯嘴一边）。然后用洗瓶吹洗玻璃棒和烧杯三或四次（每次 5~10 mL），吹洗的洗液按上述方法完全转入容量瓶中。

（3）当加蒸馏水稀释至容量瓶容积的 2/3 处时，用右手食指和中指夹住瓶塞扁头，将容量瓶拿起，向同一方向摇动几周使溶液初步混匀（切勿倒置容量瓶）。

图 1-4-1　转移

(4)当加蒸馏水至容量瓶刻度标线以下 1cm 左右，等 1~2 min 使附着在瓶颈内壁的溶液流下，再用细长滴管滴加蒸馏水至容量瓶刻度标线(勿使滴管接触溶液，应平视，加水切勿超过刻度标线，若超过应弃去重做)。

(5)盖紧瓶塞，将容量瓶倒置，使气泡上升到顶。振摇几次再倒转过来，如此反复倒转摇动，使瓶内溶液充分混合均匀(见图 1-4-2)。

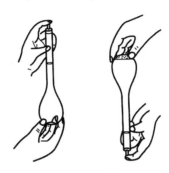

图 1-4-2　摇匀

3)使用注意事项

(1)用容量瓶定容时，溶液温度应和瓶上标示的温度相一致。

(2)容量瓶同量筒、量杯、吸量管和滴定管一样不得在烘箱中烘烤，也不能在电炉上加热，否则会在刻度标线处断裂。如需要干燥的容量瓶，可将容量瓶洗净，用无水乙醇等有机溶剂润洗后晾干或用电吹风冷风吹干。

(3)容量瓶配套的塞子应挂在瓶颈上，以免沾污、丢失或打碎。

(4)不能用容量瓶长期存放配好的溶液。溶液若需保存，应储于试剂瓶中。

(5)容量瓶长时间不用时，瓶与塞之间应垫一小纸片。

2. 溶液浓度的计算

溶液浓度的计算公式为 $c = \dfrac{n}{V} = \dfrac{m}{MV}$。根据此公式在试剂摩尔质量、目标浓度与目标体积已知的条件下就可以计算出配制所需固体的质量。

三、实验设备、原料和试剂

1. 实验设备

烧杯、吸量管、洗耳球、玻璃棒、容量瓶和天平等。

2. 原料和试剂

NaOH 等。

四、实验步骤

1. 配制 1 mol/L 的 NaOH 溶液 50 mL

(1)计算所需的 NaOH 质量 m_1；

（2）洗涤容量瓶；

（3）用天平称量所需质量的 NaOH，加水溶解；

（4）将溶解完全的 NaOH 溶液转移至容量瓶中，加水定容、摇匀。

2. 配制 1 g/L 的 NaOH 溶液 50 mL

（1）计算所需的 NaOH 质量 m_2；

（2）洗涤容量瓶；

（3）用天平称量所需质量的 NaOH，加水溶解；

（4）将溶解完全的 NaOH 溶液转移至容量瓶中，加水定容、摇匀。

3. 配制 0.5 g/L 的 NaOH 溶液 50 mL（用 1 g/L 的 NaOH 溶液稀释）

（1）计算所需 1 g/L 的 NaOH 溶液的体积 V；

（2）洗涤容量瓶、吸量管；

（3）移取所需的 1 g/L 的 NaOH 溶液至 50 mL 容量瓶中，加水定容、摇匀。

五、数据记录

$m_1 = $ _____ g；

$m_2 = $ _____ g；

$V = $ _____ mL。

实验五　中和滴定

一、实验目的

- 了解酸碱滴定的基本原理。
- 掌握滴定管的操作方法。
- 进一步巩固电子天平和配制溶液的基本操作。

二、实验原理

$$NaOH+HCl =\!=\!= NaCl+H_2O$$

以酚酞为指示剂，用标准溶液盐酸滴定待测氢氧化钠溶液，当待测碱液颜色由红色变为无色，则达到滴定终点。

根据 $c_{(标)} \times V_{(标)} = c_{(待)} \times V_{(待)}$ 可计算出待测碱液的浓度。

三、实验设备、原料和试剂

1. 实验设备

酸式滴定管、碱式滴定管、锥形瓶和铁架台(含滴定管夹)等。

2. 原料和试剂

0.100 0 mol/L 标准 HCl 溶液、NaOH 溶液(待测)和酚酞(变色范围的 pH 值为 8~10)等。

四、实验步骤

(1)检漏：检查滴定管是否漏水。

①酸式滴定管：将酸式滴定管加水，关闭活塞，静止放置 5 min，看看是否有水漏出。如果有水漏出，那么必须在活塞上涂抹凡士林，注意不要涂太多，以免堵住活塞口。

②碱式滴定管：将碱式滴定管加水，关闭活塞，静止放置 5 min，看看是否有水漏出。如果有水漏出，那么必须更换橡皮管。

(2)洗涤：先用蒸馏水洗涤滴定管，再用待装液润洗 2~3 次。锥形瓶用蒸馏水洗净即可，不得润洗，也不需烘干。

(3)量取：用碱式滴定管量出一定体积(如 20 mL)的未知浓度的 NaOH 溶液(注意：调整起始液面在 0 刻度或 0 刻度以下某准确刻度)注入锥形瓶中。

用酸式滴定管量取 0.100 0 mol/L 标准 HCl 溶液，赶尽气泡，调整液面，使液面恰好在 0 刻度或 0 刻度以下某准确刻度，记录读数 V_1，读至小数点后第二位。

(4)把锥形瓶放在酸式滴定管的下面，向其中滴加 1~2 滴酚酞(如颜色不明显，可将锥形瓶放在白瓷板上或者白纸上）。将滴定管中溶液逐滴滴入锥形瓶中，滴定时，右手不断旋摇锥形瓶，左手控制滴定管活塞，眼睛注视锥形瓶内溶液颜色的变化，直到滴入一滴 0.100 0 mol/L 标准 HCl 溶液后溶液变为无色且 30 s 仍不恢复原色。此时，NaOH 恰好完全被 HCl 中和，达到滴定终点。记录滴定后酸式滴定管的液面刻度 V_2。（用碱滴定酸应使用碱式滴定管，可以甲基橙为指示剂。）

（5）把锥形瓶内的溶液倒入废液缸，用蒸馏水把锥形瓶洗干净，将上述操作重复 2~3 次。

五、数据记录与处理

1. 结果记录

将数据记录在表 1-5-1 中。

表 1-5-1　数据记录

滴定次数	待测 NaOH 溶液体积(V_{NaOH})/mL	0.100 0 mol/L 标准 HCl 溶液体积(V_{HCl})/mL			待测 NaOH 溶液的浓度($c_{待}$)/(mol/L)
		滴定前 V_1	滴定后 V_2	(V_2-V_1)	
1					
2					
3					

2. 计算过程

根据 $V_{HCl}=V_2-V_1$ 和 $c_{HCl}\times V_{HCl}=c_{待}\times V_{NaOH}$ 即可计算出待测 NaOH 溶液的浓度。

实验六　蒸发和结晶提纯粗盐

一、实验目的

● 学习提纯粗食盐的原理和方法。

● 学习有关离子的鉴定原理和方法。

● 掌握称量、溶解、沉淀、过滤、蒸发、结晶等基本操作。

二、实验原理

氯化钠试剂或氯碱工业用的食盐水，都是以粗盐为原料进行提纯的。粗盐中除了含有泥沙等不溶性杂质外，还含有 K^+、Ca^{2+}、Mg^{2+} 和 SO_4^{2-} 等可溶性杂质。不溶性杂质可用过滤法除去。可溶性杂质中的 Ca^{2+}、Mg^{2+} 和 SO_4^{2-} 可通过加入 $BaCl_2$、$NaOH$ 和 Na_2CO_3 溶液，生成难溶的硫酸盐、碳酸盐或碱式碳酸盐沉淀除去；也可通过加入 $BaCO_3$ 固体和 $NaOH$ 溶液进行如下反应除去：

$$BaCO_3 \Longrightarrow Ba^{2+} + CO_3^{2-}$$

$$Ba^{2+} + SO_4^{2-} \Longrightarrow BaSO_4 \downarrow$$

$$Ca^{2+} + CO_3^{2-} \Longrightarrow CaCO_3 \downarrow$$

$$NaOH \Longrightarrow Na^+ + OH^-$$

$$Mg^{2+} + 2OH^- \Longrightarrow Mg(OH)_2 \downarrow$$

三、实验设备、原料和试剂

1. 实验设备

电子天平、蒸发皿、酒精灯、铁钳、玻璃棒、抽滤瓶、布氏漏斗、玻璃漏斗、烧杯和滤纸等。

2. 原料和试剂

粗盐等。

四、实验步骤

(1)溶解。称取 5.0 g(记为 m_1)粗盐于烧杯中，加入约 30 mL 水，加热搅拌使之溶解。

(2)除杂。

①除去泥沙等沉积物。用滤纸和玻璃漏斗过滤该粗盐溶液，滤去泥沙等沉积物。

(以下为除去 Ca^{2+}、Mg^{2+} 和 SO_4^{2-} 的步骤，此次试验省略，仅供同学们参考)

②除去 SO_4^{2-}。加热溶液至沸腾，边搅拌边滴加 1 mol/L $BaCl_2$ 溶液直至不再产生白色沉淀。继续加热煮沸数分钟后，过滤。

③除去 Ca^{2+}、Mg^{2+} 和过量的 Ba^{2+}。将滤液加热煮沸，加入过量 $NaOH$ 溶液(去除

Mg^{2+}），加入过量 $NaCO_3$（去除 Ca^{2+} 和 Ba^{2+}），将溶液 pH 值调至约等于 11。取清液检验 Ba^{2+} 除尽后，继续加热煮沸数分钟后，过滤。

④除去过量的 CO_3^{2-}。加热搅拌溶液，滴加 6 mol/L 的 HCl 至溶液的 pH 值为 2~3。

（3）蒸发、结晶。加热蒸发浓缩上述滤液，并不断搅拌至稠状（不可蒸干）。趁热抽干后转入蒸发皿内用小火烘干。

（4）冷却至室温，称重，记为 m_2，计算产率。

五、数据记录与处理

粗盐质量 $m_1 = $＿＿＿＿＿ g；

提纯后质量 $m_2 = $＿＿＿＿＿ g；

产率 $= \dfrac{m_2}{m_1} \times 100\% = $＿＿＿＿＿。

六、思考题

如何检验 SO_4^{2-} 是否除尽？

实验七 金属材料的硬度测定

一、实验目的

- 了解硬度测定的基本原理和应用范围。
- 了解洛氏硬度计的主要结构和操作方法。

二、实验原理

硬度是金属材料局部抵抗硬物压入其表面的能力或金属材料表面抵抗局部塑性变形的能力。硬度测量能够给出金属材料软硬程度的数量概念。硬度值越高，表明金属抵抗塑性变形的能力越大，材料产生塑性变形就越困难。另外，硬度与其他机械性能（如强度指标 σ_b 及塑性指标 ψ 和 δ）之间有着一定的内在联系，如低碳钢 $\sigma_b \approx 0.36$ HB，高碳钢 $\sigma_b \approx 0.34$ HB，合金调质钢 $\sigma_b \approx 0.36$ HB，灰铸铁 $\sigma_b \approx 0.1$ HB。所以从某种意义上说硬度的大小对机械零件或工具的使用性能及寿命具有决定性意义。

测量硬度的方法主要有压入法、回跳法和刻划法三大类。

（1）压入法：压入法主要用于金属材料，方法是用一定的载荷将规定的压头压入被测材料，以材料表面局部塑性变形的大小比较被测材料的软硬。由于压头、载荷和载荷持续时间的不同，压入硬度主要有布氏硬度、洛氏硬度、维氏硬度和显微硬度等几种。

（2）回跳法：回跳法主要用于金属材料，方法是使用一特制的小锤从一定高度自由下落冲击被测材料的试样，并以试样在冲击过程中的储存（继而释放）应变能的多少（通过小锤的回跳高度测定）确定材料的硬度。

（3）刻划法：刻划法主要用于比较不同矿物的软硬程度，方法是使用一端硬一端软的棒，将被测材料沿棒表面划过，根据出现划痕的位置确定被测材料的软硬。定性地说，硬物体划出的划痕长，软物体划出的划痕短。

在机械工业中广泛采用压入法来测定硬度。

压入法硬度试验的主要特点：实验时应力状态最软（最大切应力远远大于最大正应力），因而不论是塑性材料还是脆性材料均能发生塑性变形。金属的硬度与强度指标之间存在如下近似关系：

$$\sigma_b = K \times HB$$

式中：σ_b 表示材料的抗拉强度；HB 表示布氏硬度；K 表示系数，其中退火状态的碳钢 $K = 0.34 \sim 0.36$，合金调质钢 $K = 0.33 \sim 0.35$，有色金属合金 $K = 0.33 \sim 0.53$。

硬度值对材料的耐磨性、疲劳强度等性能也有一定的参考价值，通常硬度值高，这些性能也就好。在机械零件设计图纸上对机械性能的技术要求，往往只标注硬度值，其原因就在于此。由于硬度测量仅在金属表面局部体积内产生很小压痕，并不损坏零件，因此适合于成品检验。

三、实验设备、原料和试剂

1. 实验设备

HRS-150 洛氏硬度计和标准硬度试验块等。

2. 原料和试剂

测试样品等。

四、实验步骤

(1)了解洛氏硬度计的构造、原理和使用方法，操作规程及注意事项；

(2)选择合理的压头、载荷及载荷持续时间等参数；

(3)用标准硬度试验块校正硬度计的准确度；

(4)金属试样试验；

(5)数据记录。

五、数据记录

将数据记录在表 1-7-1 中。

表 1-7-1　数据记录

材料	20#钢				45#钢				T8			
HRA/B/C	1	2	3	平均	1	2	3	平均	1	2	3	平均

六、思考题

简述常见硬度测试方法和压入法试验原理。

实验八　金相实验

一、实验目的

- 通过实验加深对金相知识的理解，掌握实验仪器的使用方法。
- 了解金属材料的物理性能和机械性能与其内部组织的相关性，能够分析金相试验的宏观组织及微观组织，观察判断其各项性能。

二、实验设备、原料和试剂

1. 实验设备

金相显微镜、金相预磨机、金相切割机、砂轮(粗、细)、金相试样镶嵌机、金相抛光机、抛光织物(细绒布、金丝绒)和玻璃皿等。

2. 原料和试剂

试样、抛光液(W2.5 金刚石抛光膏、W1.5 金刚石抛光膏)、浸蚀剂和酒精等。

三、实验步骤

1. 试样制备

(1)垂直于试样的径向截取，长度不超过 8 mm。

(2)试样用金相切割机切取，取样应注意试样的温度条件，必要时用水冷却，以避免试样因过热而改变组织结构。

2. 试样的研磨

(1)准备好试样，先在粗砂轮上磨平，等磨痕均匀一致后，立即移至细砂轮上续磨。研磨时须用水冷却试样，避免试样的组织结构因受热而发生变化。

(2)经砂轮磨好、洗净、吹干后的试样，使用金相预磨机在由粗到细的各号砂纸上进行磨制。每一次磨制，试样需转 90°角，与旧磨痕成垂直方向。

(3)经预磨后的试样，先在金相抛光机上进行粗抛光(抛光织物为细绒布，抛光液为W2.5 金刚石抛光膏)，然后进行精抛光(抛光织物为金丝绒，抛光液为 W1.5 金刚石抛光膏)。抛光到试样上的磨痕完全除去且表面像镜面时为止，即粗糙度 Ra 为 0.04 以下。

3. 试样的浸蚀

(1)精抛光后的试样，便可浸入盛于玻璃皿的浸蚀剂中进行浸蚀。浸蚀时，试样可不时地轻微移动，但抛光面不得与玻璃皿底接触。

(2)浸蚀剂一般采用 4% 的硝酸酒精溶液。

(3)浸蚀时间视金属的性质、检验目的及显微检验的放大倍数而定，以能在金相显微镜下清晰显示出金属组织为宜。

（4）试样浸蚀完毕后，须迅速用水洗净，上表面和下表面用酒精洗净，然后用吹风机吹干。

4. 金相显微组织观察

（1）金相显微镜操作按仪器说明书规定进行。

（2）金相检验包括浸蚀前的检验和浸蚀后的检验，浸蚀前主要检验钢件的夹杂物和铸件的石墨形态、浸蚀后的检验为试样的显微组织。按有关金相标准进行检验。

实验九 铜合金的金相组织观察

一、实验目的

- 了解铜合金的成分、组织、性能特点和分类。
- 通过实验辨别出主要铜合金的显微组织，掌握其形成过程及机理。

二、实验原理

铜合金可分为黄铜、青铜和白铜三大类，工业上应用较多的是黄铜和青铜。

黄铜一般是指以铜和锌为主要元素的铜合金。黄铜的显微组织照片如图1-9-1所示。黄铜的主要性能特点是具有良好的机械性能和切削加工性能，它的导电性、导热性、抗蚀性和耐磨性也较好。工业用黄铜的含锌量通常≤50%，平衡状态下有三种组织：α单相（含锌量≤38%）；α+β双相（含锌量为38~45%）；β单相（含锌量为45~50%）。工业上应用的二元黄铜主要为α单相黄铜和α+β双相黄铜：α单相黄铜为α单相组织，具有面心立方晶格，故塑性很好，可进行冷热变形加工，压力加工用的黄铜大部分是这类，它的热变形温度通常高于700 ℃；α+β双相黄铜为α+β双相组织，塑性较差，不能冷变形加工，只能在500 ℃以上热变形加工。

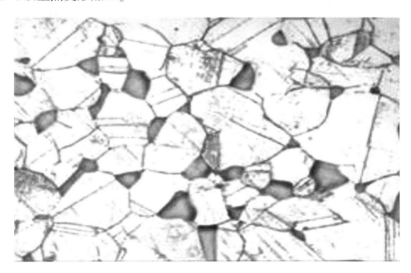

图1-9-1 黄铜的显微组织照片

青铜在历史上是指以铜和锡为主要组成的铜合金。铜合金的显微组织照片如图1-9-2所示。现在人们将以铜和锡为主要组成的铜合金称为锡青铜，除Cu-Sn合金外的其他青铜合金统称为无锡青铜或特殊青铜。工业用锡青铜中的含锌量≤10%，其铸态或一般退火组织有两种：α单相组织锡青铜和α+（α+δ）亚共析组织锡青铜。锡青铜具有优良的耐磨性、良好的耐蚀性和优良的熔炼及铸造工艺性。

图 1-9-2　铜合金的显微组织照片

三、实验设备、原料、试剂

1. 实验设备

金相预磨机、金相抛光机、金相显微镜、砂纸（200 目、400 目、600 目、800 目、1200 目）、抛光织物（海军呢）和脱脂棉等。

2. 原料和试剂

试样（黄铜和锡青铜）抛光液（W2.5 金刚石抛光膏）、氯化铁盐酸水溶液和酒精等。

四、实验步骤

每位同学独立完成一个铜合金金相试样的制备和显微组织观察，包括磨光、抛光、浸蚀和观察。

实际操作如下：

（1）将黄铜和锡青铜试样分别在 5 道砂纸上预磨，砂纸型号分别为 200 目、400 目、600 目、800 目和 1 200 目；

（2）磨制后进行抛光；

（3）选择氯化铁盐酸水溶液进行浸蚀；

（4）按仪器说明书操作金相显微镜，观察黄铜和锡青铜组织，根据相应的相图分析其物相含量和组成，画出各组织的示意图。

五、实验结果记录

（1）通过金相显微镜观察黄铜的显微组织，并根据观察到的相图分析其物相含量和组成，并画出黄铜显微组织图，可参考图 1-9-1。

（2）通过金相显微镜观察锡青铜的显微组织，并根据观察到的相图分析其物相含量和组成，并画出锡青铜的显微组织图，可参考图 1-9-2。

六、实验结果分析与讨论

（1）根据观察到的铜合金的金相组织结构，分析哪些因素影响铜合金的金相组织及物相。

（2）通过铜合金显微组织的观察、物相的分析，讨论铜合金微观组织、物相与铜合金性能之间的关系。

实验十　铜矿石的破碎筛分

一、实验目的

● 通过破碎筛分实验认识并掌握破碎筛分设备的基本机构、工作原理和操作规范。

二、实验原理

（1）铜矿石的破碎（粗碎、中碎、细碎）。

（2）筛分分级。

铜矿石的破碎筛分流程如图 1-10-1 所示。

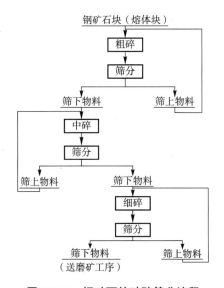

图 1-10-1　铜矿石的破碎筛分流程

三、实验设备、原料和试剂

1. 实验设备

破碎机、振筛机、套筛和天平等。

2. 原料和试剂

铜矿石试样等。

四、实验步骤

（1）整理实验器具，校准天平，调试其他实验用设备。

（2）取试样一份置于天平称出总质量 m_0，读数精确至 0.1 g。

（3）按破碎机破碎级别依次进行粗碎、中碎、细碎。

（4）用振筛机和套筛进行筛分，按筛孔大小顺序排列 10 目、40 目、80 目、100 目筛，将称好的物料过筛。

（5）筛分结束，由上而下逐个移出筛上物料，轻拿轻放，避免物料洒落损失。

（6）用天平称取每个筛上的筛余量，读数精确至 0.1 g。各筛分计筛余量和筛底存量的总和与筛分前试样的干燥总质量 m_0 相比，相差不得超过 m_0 的 0.5%。

（7）试验结束后整理实验台，实验器具清洗归位，打扫实验室卫生。

五、数据记录与处理

（1）筛分结果以各筛孔的质量通过百分率表示。

（2）同一种物料至少取两个试样平行试验两次，取平均值作为每次筛上筛余量的实验结果。

（3）按计算结果绘制粒度分布曲线。

六、实验结果分析与讨论

对实验结果进行分析讨论，对实验过程中出现的异常情况及异常数据进行分析总结。

七、相关知识

1. 颚式破碎机

颚式破碎机（见图 1-10-2）俗称颚破，又名老虎口，是由动颚两块颚板组成破碎腔，模拟动物的两颚运动而完成物料破碎作业的破碎机。其工作部分是两块颚板：一块是固定颚板（定颚），垂直（或上端略外倾）固定在机体前壁上；另一块是活动颚板（动颚），位置倾斜，与固定颚板形成上大下小的破碎腔（工作腔）。活动颚板对着固定颚板做周期性的往复运动，时而分开，时而靠近。分开时，物料进入破碎腔，成品从下部卸出；靠近时，装在两块颚板之间的物料受到挤压、弯折和劈裂作用而破碎。

图 1-10-2 颚式破碎机

2. 对辊破碎机

对辊破碎机(见图1-10-3)是一种矿山机械,又叫作双辊式破碎机,主要用于破碎矿石。对辊破碎机具有体积小、破碎比大(5~8倍)、噪声低、结构简单、维修方便的优点,且具有被破碎物料粒度均匀、过粉碎率低、维修方便、过载保护灵敏、安全可靠等特点。其适用于煤炭、冶金、矿山、化工、建材等行业,更适用于大型煤矿或选煤厂原煤(含矸石)的破碎。

图1-10-3 对辊破碎机

对辊破碎机主要由辊轮、辊轮支撑轴承、压紧装置、调节装置和驱动装置等部分组成。

出料粒度的调节:两辊轮之间装有楔形或垫片调节装置,楔形装置的顶端装有调整螺栓,当调整螺栓将楔块向上拉起时,楔块将活动辊轮顶离固定轮,即两辊轮间隙变大,出料粒度变大;当楔块向下时,活动辊轮在压紧弹簧的作用下两辊轮间隙变小,出料粒度变小。垫片调节装置是通过增减垫片的数量或厚薄来调节出料粒度大小的,当增加垫片时两辊轮间隙变大,出料粒度变大;当减少垫片时两辊轮间隙变小,出料粒度变小。

3. 振筛机

振筛机(见图1-10-4)又称为拍击式振动筛,是代替手工筛分、配合试验筛进行物料粒度分析的机器。其结构主要由机座、筛具和传动机构等部分组成。振筛机可配备专用夹具,既可装夹200目标准筛,又可夹装75目、100目套筛,装夹方便灵活,夹紧牢固,并能自动停机。

图1-10-4 振筛机

实验十一　固体散料堆积角(安息角)的测定

一、实验目的

- 理解矿物的堆积角(安息角)的测定原理。
- 观察固体散料的堆积角。
- 设计方案并测定固体散料的堆积角。

二、实验原理

　　将足够满溢料盘的固体散料从漏斗口注入水平料盘上,堆积成圆锥体,测量固体散料堆积斜面与底部水平面所夹锐角,即堆积角,也叫作休止角、安息角、安置角等。固体散料的堆积角和滑动角是设计除尘器灰斗(或粉尘仓)锥度、除尘管路或输灰管路倾斜度的主要依据。

　　不同种类的固体散料堆积角各不相同,与固体散料种类、粒径、含水率、粒子形状、粒子表面光滑程度、黏性等因素有关。同一种固体散料,粒径愈小,堆积角越大,流动性越差;表面越光滑或越接近球形的粒子,堆积角越小,流动性越好;固体散料含水率越大,堆积角越大。

三、实验设备、原料和试剂

1. 实验设备

自行设计(画图)实验设备、漏斗、料盘、量筒、量角器、刮片、棒针和塞棒等。

2. 原料和试剂

固体散料样品等。

固体散料堆积角测定仪技术参数:

(1)漏斗锥度 $60°±0.5°$;

(2)流出口直径 5 mm,漏斗中心与下部料盘中心应在一条垂线上;

(3)流出口底沿与盘面距离 80 mm±2 mm,量角器 7.5~10 cm;

(4)料盘直径 80 mm;

(5)容积 100 mL 的盛样量筒;

(6)平直的尘样刮片,棒针。

四、实验步骤

(1)根据堆积角的定义设计测定方案(2 人/组)。

(2)准备好实验装置进行堆积角测定:

①装置应水平放置在实验台上。

②用塞棒塞住漏斗流出口。

③将固体散料样品装入盛样量筒，用刮片刮平后倒入漏斗。

④抽出塞棒，使固体散料从漏斗孔口流出；对于流动性不好的固体散料，可以用棒针搅动使固体散料连续流落到料盘上。待固体散料全部流出后，用量角器量出料盘上固体散料锥体母线与水平面所夹锐角，并记录堆积角 φ（此为测定值）；量取锥体高度 h 与底面半径 r，经公式 $\varphi = \arctan(h/r)$ 计算后得出堆积角 φ，应连续测定 3~5 次，求出堆积角的算术平均值 φ。

五、数据记录与处理

将数据记录在表 1-11-1 中。

表 1-11-1　粉体安息角测定结果

平行实验	堆积角（$\varphi/°$）测定值或计算值	堆积角（$\varphi/°$）算术平均值
1		
2		
3		
4		
5		

六、实验反思

实验过程中有哪些不足或值得改进的地方？

实验十二　铜精矿常压稀酸浸出

一、实验目的

- 了解铜精矿浸出的技术条件对浸出率的影响。
- 熟悉铜精矿浸出实验的设备及操作。
- 掌握铜精矿浸出的基本原理及目的。

二、实验原理

浸出是指利用适当的溶剂使矿石、精矿和半成品矿中的一种或几种有价成分优先溶出，使之与脉石分离。

以稀硫酸作为浸出剂时，稀硫酸与铜精矿发生反应，有价金属铜被溶解出来，从而达到浸出的目的。具体反应方程式如下：

$$CuO+H_2SO_4 = CuSO_4+H_2O$$
$$2Cu_2O+4H_2SO_4+O_2\uparrow = 4CuSO_4+4H_2O$$

三、实验设备、原料和试剂

1. 实验设备

数显式恒温水浴锅(或电热板)、数显式直流恒速搅拌器、天平、烧杯、干燥箱、移液管、容量瓶、玻璃棒和量筒等。

2. 原料和试剂

铜精矿、稀硫酸和 pH 试纸等。

四、实验步骤

(1)整理实验器具，校准天平，调试其他实验用设备。

(2)取铜精矿原料一份置于天平称出总质量 m_0，读数精确至 0.1 g。

(3)配置浓度为 10~40 g/L 的硫酸溶液：用量筒量取 400 mL 硫酸溶液倒入 500 mL 烧杯中(沿杯壁缓慢加入)。

(4)将配好硫酸溶液的烧杯置于数显式恒温水浴锅内(或电热板上)在搅拌状态下加热。达到 60 ℃时，加入已称好的铜精矿原料(要求液固比为 8~10∶1)，控制浸出温度，观察试验现象，并详细记录。

(5)浸出一定时间后停止浸出过程，待稍降温后将烧杯中物质液固分离，固体放入干燥箱中干燥后称重，量取浸出液体积。

(6)实验结束后整理实验台，实验器具清洗归位，打扫实验室卫生。

五、数据记录与处理

浸出技术条件：_____；

液固比：_____；

铜精矿原料粒度：_____；

搅拌速度：_____；

温度：_____℃；

溶液 pH 值：_____；

反应时间：_____ min。

1. 渣率

渣率表示在浸出过程中未被浸出到溶液中的物质的质量分数，通常用百分数表示。其计算分式为

$$渣率 = \frac{渣量}{原料总质量} \times 100\%$$

2. 浸出率

浸出率表示在浸出过程中金属被浸出到溶液中的质量分数，通常用百分数表示。其计算分式为

$$浸出率 = \frac{原料总质量 - 渣量}{原料总质量} \times 100\%$$

3. 溶液蒸发率（忽略过滤时溶液的损失部分）

溶液蒸发率的计算公式为

$$溶液蒸发率 = \frac{前液量 - 后液量}{前液量} \times 100\%$$

六、思考题

影响浸出的因素有哪些？

实验十三　铁粉置换铜实验

一、实验目的

- 掌握置换的原理。
- 掌握影响置换的因素。

二、实验原理

用一种金属从水溶液中取代出另一种金属的过程叫作置换。从热力学上讲，只能用负电位较大的金属去置换溶液中正电位较大的金属。因为 Fe^{2+} 的标准电位值是 -0.409 V 远较 Cu^{2+} 的标准电位值 $+0.337$ V 低，所以 Fe 能较彻底地从溶液中把 Cu^{2+} 置换成 Cu。其发生的主要反应为

$$Cu^{2+} + Fe \stackrel{}{=\!=\!=} Cu + Fe^{2+}$$

三、实验设备、原料和试剂

1. 实验设备

数显式恒温水浴锅、数显式直流恒速搅拌器、烧杯和玻璃棒等。

2. 原料和试剂

铁粉、硫酸铜和硫酸等。

四、实验步骤

(1)加热数显示恒温水浴锅至_____℃；

(2)称取_____ g 硫酸铜；

(3)将硫酸铜溶于水，配制成含铜_____ g/L，pH=_____的硫酸铜水溶液；

(4)将硫酸铜水溶液倒入烧杯中，放入数显式恒温水浴锅中，连接数显式直流恒速搅拌器进行搅拌；

(5)加入_____ g 铁粉(过量倍数为 1.2)，搅拌_____ min；

(6)进行固液分离。

五、数据记录与处理

温度_____；pH=_____；时间_____ min；含铜_____ g/L。

(1)计算硫酸铜的加入量。

(2)计算铁粉的加入量。

六、思考题

（1）实验过程中溶液颜色是怎样进行变化的？

（2）本置换实验中影响置换的因素有哪些？

实验十四 硫酸铜晶体的脱水与硫酸铜溶液的蒸发结晶

一、实验目的

- 了解硫酸铜晶体脱水的现象。
- 了解硫酸铜溶液蒸发与结晶的基本原理。
- 掌握蒸发结晶过程的基本操作。

二、实验原理

（1）硫酸铜晶体在空气中加热会失去结晶水，现象为蓝色晶体变为白色粉末，具体反应方程式如下：

$$CuSO_4 \cdot 5H_2O \xrightarrow{加热} CuSO_4 + 5H_2O(蒸汽)$$

（2）硫酸铜在一定的温度下在水中的溶解度是固定值。蒸发浓缩溶液体积，硫酸铜会以晶体（$CuSO_4 \cdot 5H_2O$）的形式析出，继续受热会进一步脱去结晶水变为白色粉末。

三、实验设备、原料和试剂

1. 实验设备

铁架台、蒸发皿、酒精灯、坩埚钳、量筒、烧杯（100 mL）、玻璃棒和天平（精度0.001 g）等。

2. 原料和试剂

硫酸铜晶体（分析纯）等。

四、实验步骤

1. 硫酸铜晶体的脱水

（1）整理实验所需器具，清洗烧杯、量筒、蒸发皿，并将天平校准；

（2）在天平上称取 20 g 硫酸铜晶体，置于干净的蒸发皿内，调整铁架台铁架高度使点燃酒精灯外焰刚好能够加热蒸发皿底部；

（3）将蒸发皿置于酒精灯上开始加热蒸发，记录开始时间；

（4）蒸发过程中用玻璃棒缓慢匀速搅拌蒸发皿内硫酸铜晶体，使之匀速受热；

（5）待蒸发皿内硫酸铜晶体变成白色粉末，脱水结束，用坩埚钳取下稍冷后称重，记录结束时间及称重数据。

2. 硫酸铜溶液的蒸发结晶

（1）用量筒量取 100 mL 水，将脱水硫酸铜粉末置于烧杯中，加入所量的 100 mL 水，用玻璃棒搅拌使之完全溶解；

（2）将溶解好的硫酸铜溶液倒入蒸发皿中，液面不得超过蒸发皿容积的 1/3；

（3）点燃酒精灯开始加热蒸发浓缩，记录开始时间；

（4）加热过程中用玻璃棒缓慢匀速搅拌使之受热均匀；

（5）蒸发皿溶液面下降应适当补充溶解好的硫酸铜溶液（液面不得超过蒸发皿容积的 1/3）；

（6）当蒸发皿中溶液浓缩至糊状，熄灭酒精灯，利用余热收干结晶，记录结束时间并称重。

五、数据记录与处理

称取硫酸铜晶体质量 $m_1 =$ _____ g；蒸发皿质量 $m_2 =$ _____ g。

硫酸铜粉末质量 $m_3 =$ _____ g；蒸发脱水时间 $t_1 =$ _____ min。

结晶硫酸铜质量 $m_4 =$ _____ g；蒸发结晶时间 $t_2 =$ _____ min。

脱水率和结晶率的计算公式为

$$脱水率 = \frac{实际脱去水分质量}{理论含水质量} \times 100\%$$

$$结晶率 = \frac{结晶出硫酸铜晶体质量}{原始溶解硫酸铜晶体质量} \times 100\%$$

六、思考题

对测得的数据和计算出的脱水率、结晶率进行分析，通过脱水率、结晶率的数值分析操作过程出现的问题。

实验十五　硫酸铜晶体制备（冷却结晶法）

一、实验目的

- 认识结晶的基本过程及实验原理。
- 了解硫酸铜结晶的条件与结晶的过程。
- 观察硫酸铜结晶的形态与晶体生长的过程。

二、实验原理

溶质以晶体的形式从溶液中析出的过程叫作结晶。

利用物质在水溶液中的溶解度对温度变化的差异，将水溶液加热后配置成饱和水溶液，再将温热的饱和水溶液与过剩的溶质过滤，当水溶液温度降低时即成为过饱和水溶液，过剩的溶质会结晶析出形成晶体。

结晶有两种方法：一是蒸发溶剂；二是冷却热饱和溶液。对溶解度受温度变化影响不大的固体溶液，一般用蒸发溶剂的方法得到晶体，达到分离目的；对溶解度受温度变化影响较大的固体溶质，一般采用冷却热饱和溶液的方法得到晶体，达到分离目的。

三、实验设备、原料和试剂

1. 实验设备

烧杯、热水（90 ℃）、玻璃棒、镊子、棉线和小木棒等。

2. 原料和试剂

硫酸铜等。

四、实验步骤

1. 热饱和硫酸铜溶液的制备

（1）在烧杯中装入 40 mL 的热水（90 ℃），加入研细的硫酸铜粉末；

（2）用玻璃棒搅拌使其溶解，直至不能再溶解为止（有剩余硫酸铜固体）。

2. 晶核的选取制作

（1）将上述饱和溶液自然冷却，用镊子在析出的晶体中选取较大粒的作为晶核。再继续加热溶解掉其余晶体，重新得到热饱和溶液。

（2）用棉线的一头将晶核拴住，另一头绑在小木棒上。

3. 结晶

将制作好的晶核沉入饱和溶液杯底，静置，待其慢慢冷却结晶(注意：防震防尘，缓慢降温)。

4. 观察与记录

36 h 后观察晶体生长状况，并拍照。

五、思考题

(1)为什么没法析出较大的晶核？

(2)为什么晶核也会溶解掉了？

六、相关知识

硫酸铜晶体生长过程叙述样例。

当加入晶核后，经过 36 h 的静置，在晶核的周围析出许多细小的立方形晶粒。它们包覆在晶核上，形成所谓的多晶体(见图 1-15-1)。容器底部其他部位亦有细小立方晶粒出现，这些晶粒为单晶，随着时间的推移逐渐长大，当长大到一定程度后，体积将不再变化，而数量增多，互相接触，慢慢地黏附在一起，形成大片状的晶体，聚集在容器的底部(见图 1-15-2)。

图 1-15-1 硫酸铜多晶体

图 1-15-2 硫酸铜晶体在杯底聚集

在实验中还发现，开始形成的多晶体，随着溶液的蒸发，两晶体相邻间的孔隙逐渐被析出的晶体填充，最后变成一个完整的类似单晶形状的晶体(见图 1-15-3)。在溶液蒸发的最后阶段，大量的晶体析出后，它们不再聚集在溶液中，而是沿着容器壁，向上生长，最终使得容器的外边也出现晶粒。

由于容器上部密封有限，液面上漂浮灰尘，因此逐渐析出浮在液面上的细小晶体的体积一般不会很大，只是数量多，形成面状的多晶体，能长满整个液面。由于重量原因，这些晶体体积较大时会自动沉入溶液中。

图 1-15-3　硫酸铜类似单晶形状的晶体

　　总结此次实验，由于容器密封效果不够，大量灰尘落入溶液中，溶液表面生长出大片的小晶体，待其重量达到一定时，会沉入溶液底部，遮盖住底部的已生长的较大晶粒，破坏了先前生长的晶粒的立方形态。

实验十六　　P507萃取分离镍与铁

一、实验目的

- 掌握用P507萃取剂从硫酸盐中分离镍和铁的基本原理、技术条件。
- 加深对溶剂萃取的理解。
- 掌握实验室溶剂萃取的基本操作。

二、实验原理

液—液萃取，也称为溶剂萃取，简称萃取。它是分离液体混合物的一种重要操作。在液体混合物中加入与其不完全混溶的液体溶剂，形成液—液两相，利用液体混合物中各组分在所选溶剂中溶解度的差异达到分离的目的，这个操作过程称为液—液萃取。

P507萃取剂是2-乙基己基膦酸单-2-乙基己酯，分子式为$C_{16}H_{35}O_3P$。它是一种有机原料，分子量为306.4，是无色或微黄色油状透明液体，溶于醇、苯、酮等有机溶剂，不溶于水，燃点为228 ℃，低毒。

用P507萃取剂从硫酸盐中分离镍和铁的基本原理如下：P507为酸性磷型萃取剂，且为一元酸，研究表明酸性磷型萃取剂萃取分离效果最好。具体反应方程式如下：

$$HR+NaOH \longrightarrow NaR+H_2O$$
$$2NaR+Fe^{2+} \longrightarrow FeR_2+2Na^+$$
$$2NaR+Me^{2+} \longrightarrow MeR_2+2Na^+$$
$$FeR_2+H^+ \longrightarrow Fe^{2+}+HR$$

三、实验设备、原料和试剂

1. 实验设备

分液漏斗、漏斗放置架、移液管、量筒、烧杯、玻璃棒和容量瓶等。

2. 原料和试剂

P507萃取剂、镍电解一次铁渣浸出液（Ni^{2+} 20.5 g/L，Fe^{2+} 11.5 g/L）、稀硫酸和盐酸等。

四、实验步骤

（1）用稀硫酸调节镍电解一次铁渣浸出液至pH=_____。

（2）按相比O/A=_____量取浸出液与P507萃取剂，放置于分液漏斗中。

（3）用手摇动分液漏斗使盛在其中的两相充分接触，摇动t=_____min后，将分液漏斗放置在漏斗放置架上，等待两相澄清。

（4）待两相澄清后，把有机相与水相分开。留取水相测定镍与铁的萃取率。

（5）把调节好的 pH=_____ 的硫酸溶液按 O/A=_____ 量取加入有机相中，用手摇动分液漏斗使盛在其中的两相充分接触，摇动 t=_____ min 后，将分液漏斗放置在漏斗放置架上，等待两相澄清。

（6）待两相澄清后，把有机相与水相分开。

（7）把调节好的 c=_____ 的盐酸溶液按 O/A=_____ 量取加入有机相中，用手摇动分液漏斗使盛在其中的两相充分接触，摇动 t=_____ min 后，将分液漏斗放置在漏斗放置架上，等待两相澄清。

（8）待两相澄清后，把有机相与水相分开。测定水相中镍与铁的反萃取率。

五、数据记录与处理

1. 萃取技术条件

温度_____℃；溶液 pH 值_____；萃取时间_____min；澄清时间_____min；相比 O/A_____；有机相皂化率_____。

2. 洗涤技术条件

洗涤溶液_____；溶液 pH 值_____；洗涤时间_____min；澄清时间_____min；相比 O/A_____。

3. 反萃取技术条件

反萃溶液_____；溶液浓度_____；反萃取时间_____min；澄清时间_____min；相比 O/A_____。

4. 计算镍与铁的萃取率

萃取率表示在萃取过程中金属被萃取到有机相中的质量分数，通常用百分数表示。其计算公式为

$$金属的萃取率=\frac{被萃取到有机相中金属的总量}{原始料液中金属的总量}\times100\%$$

5. 计算镍与铁的反萃取率

反萃取率表示在反萃取过程中金属从有机相中萃取到水相中的质量分数，通常用百分数表示。其计算公式为

$$金属的反萃取率=\frac{被萃取到水相中金属的总量}{有机相中金属的总量}\times100\%$$

六、思考题

萃取的主要工序有几个，分别是什么？

实验十七　铜电解精炼

一、实验目的

- 了解铜电解精炼的基本原理。
- 熟悉铜电解精炼实验的设备及操作。
- 掌握铜电解工艺参数对电铜质量的影响因素。

二、实验原理

铜的电解精炼是用火法精炼铜铸成的阳极板作为阳极，以电解产出的薄铜片（始极片）作为阴极，二者相间地装入电解槽中，以硫酸铜和硫酸水溶液作为电解液，在直流电的作用下，发生下列反应。

（1）阳极发生的反应：

$$Cu-2e \rightleftharpoons Cu^{2+}$$
$$Me-2e \rightleftharpoons Me^{2+}$$
$$H_2O-2e \rightleftharpoons 2H^+ + 1/2O_2$$
$$SO_4^{2-}-2e \rightleftharpoons SO_3 + 1/2O_2$$

其中，Me 代表 Fe、Ni、Pb、As、Sb 等比 Cu 负电性更强的金属，它们从阳极上溶解进入溶液。由于 H_2O 和 SO_4^{2-} 的电位比铜正，因此在正常情况下其失去电子的反应几乎不会发生。由于贵金属的电位比铜正，因此不溶解，沉淀于槽底成为阳极泥。

（2）阴极发生的反应：

$$Cu^{2+}+2e \longrightarrow Cu$$
$$Me^{2+}+2e \longrightarrow Me$$
$$2H^+ + 2e \longrightarrow H_2$$

氢的标准电极电位比铜负，且在铜阴极上的超电位，使氢的电极电位更负，所以在正常电解条件下不会析出氢。电极电位比铜负的元素，也不能在阴极上析出。

三、实验设备、原料和试剂

1. 实验设备

集热式磁力加热搅拌器、直流稳压稳流电源、电吹风赫尔槽、容量瓶、烧杯、量筒、玻璃棒、砂纸和滤纸等。

2. 原料和试剂

铜板、不锈钢板、硫酸、硫酸铜、硫脲和酒精等。

四、实验步骤

(1)配制含 Cu^{2+} 50 g/L、H_2SO_4 200 g/L、硫脲 0.03 g/L 的电解液；

(2)阴极板(不锈钢板)用砂纸打光，水洗干净，再用酒精冲洗，电吹风吹干后称重；

(3)将阳极板(铜板)用 20%硫酸溶液浸泡 15 min 左右，水洗干净，用滤纸擦干；

(4)将阴、阳极板放入电解槽中，阴极板放中间，阳极板放两边，异极板板距为35~40 mm，电板浸入部分高度 80 mm；

(5)插好集热式磁力加热搅拌器电源，加热电解液，控制温度为55~60 ℃；

(6)调节电解液循环速度，使 v=75~100 mL/min；

(7)接好线路；

(8)接通直流稳压稳流电源，使 I=2 A，记下开始电解的时间；

(9)测量赫尔槽电压，应为 0.2~0.25 V；

(10)电解 30 min；

(11)关掉直流稳压稳流电源、拆去线路，关闭电解液循环系统；

(12)取出电极，用水洗净，将阴极板用酒精擦洗后用电吹风吹干，称重；

(13)实验完毕，打扫实验室卫生。

五、数据记录与处理

温度_____℃；电流 I _____ A；时间_____h。
电解前阳极板重量_____g；电解后阳极板重量_____g；
电解前阴极板重量_____g；电解后阴极板重量_____g。

1. 电流效率

电流效率 η 的计算公式为

$$\eta=\frac{实际析出金属量}{理论析出金属量}\times100\%$$

式中，理论析出金属量=电流强度×电解时间×铜电化当量$[1.186\ g/(A\cdot h)]$。

2. 电能消耗

电能消耗的计算公式为

$$电能消耗=\frac{平均槽电压\times1\ 000}{1.186\times电流效率}kW\cdot h/(t\cdot h)$$

六、思考题

影响铜电解的因素有哪些？

实验十八 低碳钢电镀镍

一、实验目的

- 了解电镀的五要素，掌握电镀的工艺操作过程。
- 掌握电镀液的配制方法，研究镀层的外观形貌、镀层硬度及镀层的耐腐蚀性。

二、实验原理

电镀镍是指向含有金属镍的盐溶液中通直流电，以被镀基体金属为阴极，镍为阳极通过电解作用，使镀液中欲镀金属的阳离子在基体金属表面沉积出来，形成镀层的表面工程技术。镀层性能不同于基体金属，其性能的特点及功能的多样性，在国民经济的各个生产领域得到越来越广泛的应用。

电镀镍工艺流程如图1-18-1所示。

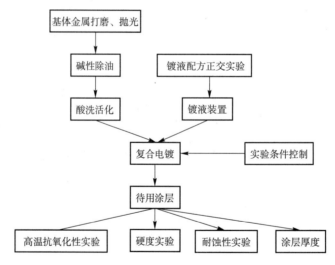

图 1-18-1 电镀镍工艺流程

镀液组成和工艺参数见表1-18-1所列。

表 1-18-1 镀液组成和工艺参数

镀液组成	含量及工艺参数
硫酸镍	300 g/L
硼酸	35 g/L
十二环基硫酸钠	0.1 g/L

（续表）

镀液组成	含量及工艺参数
pH	4.0~4.5
温度	50 ℃
电极	纯镍
电流密度	5~12 A/dm^2
电镀时间	2 h

三、实验设备、原料和试剂

1. 实验设备

整流器、赫尔槽、砂纸、预磨机、抛光机和细铁丝等。

2. 原料和试剂

纯镍板（40 mm×15 mm×10 mm）、Q235 钢片（20 mm×15 mm×5 mm）和电渡液等。

四、实验步骤

（1）本实验中采用 450 mL 赫尔槽；阳极材料为纯镍板，面积 40 mm×15 mm×10 mm；阴极为 Q235 钢片，面积 20 mm×15 mm×5 mm；阴、阳极比例为 1：2；极间距为 30 mm；整流器电源为 WYJ22 直流稳压电源。

（2）将经过砂纸、预磨机、抛光机打磨的阴阳极材料进行碱性除油、酸洗活化处理，随后用细铁丝悬挂在赫尔槽中。

（3）将按镀液组分要求配制好的电镀液加入赫尔槽。

（4）连接好电镀装置后，打开电源，调节工艺参数，观察电镀过程。电解持续 2 h 后，观察镀层的外观形貌。

（5）对镀层金属进行洛氏硬度测定、抗氧化性测定，对比被镀件的硬度及抗氧化性变化。

五、数据记录与处理

将数据记录在表 1-18-2 中。

表 1-18-2　硬度与氧化层质量记录

	洛氏硬度/HRC	氧化层质量/mg
Q235 低碳钢		
Q235 镀镍低碳钢		

六、思考题

(1)电镀的五要素是什么？

(2)电镀液浓度及电流密度对镀层金属有什么样的影响？

(3)低碳钢镀镍后硬度和抗氧化性有什么变化？

实验十九　间歇沉降实验——沉降曲线的绘制

一、实验目的

- 观察沉降过程。
- 掌握沉降曲线的绘制。
- 掌握沉降速率、沉降面积、沉降产率等参数的计算方法。

二、实验原理

间歇沉降实验是矿物加工作业中处理尾矿、精矿或中间物料的基础实验之一，其目的在于测试一定浓度的矿浆中固体物料的沉降速度，作为选矿厂设计或选择分泥斗、浓密机、尾矿坝、回水池等设备的依据。

一般精矿的沉淀浓缩过程，特别是在实践上有较大意义的初期沉降，干涉现象并不严重，可近似的看作自由沉降。整个浓缩过程可以看作矿粒以沉降末速做恒速沉落的过程。沉淀浓缩过程如图 1-19-1 所示。

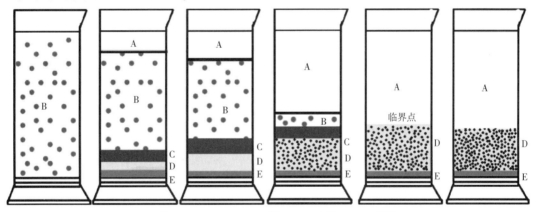

A— 澄清区；B—沉降区；C— 过渡区；D— 压缩区；E— 粗粒区。

图 1-19-1　沉淀浓缩过程

间歇沉降实验可说明沉淀浓缩过程的变化情况。沉降曲线是矿浆悬浮液面(H)与沉降时间(t)的关系曲线，可通过直接观测法获得。实验在 1 L 量筒中进行，将一定浓度的矿浆倒入贴有刻度条的 1 L 量筒中，矿浆应装至量筒的最大刻度处，此为沉降起点(H_0)。将矿浆搅拌均匀，开始计时，每隔一定时间读取筒内物料的沉降高度，直至沉降平衡(H_u)。作出 H-t 关系图，计算沉降速度等参数。

沉降速率的计算分式为

$$v = -\frac{\Delta H}{\Delta t} = -\frac{H_0 - H_u}{t_u}$$

三、实验设备、原料和试剂

1. 实验设备

量筒(1 000 mL)、振筛机、80 目筛、300 目筛、玻璃棒、容量瓶、秒表、天平和塑料烧杯(500 mL、1 000 mL)等。

2. 原料和试剂

矿样等。

四、实验步骤

1. 矿样细度

用振筛机对矿样进行筛分，记录筛上筛下矿样重量，计算−200 目比例。

2. 矿浆配制

(1)称取空量筒质量记为 W_1，以备下次实验用。

(2)用天平称取一定质量(Q)的矿样，加水配制成一定浓度的矿浆 1 000 mL(参考矿浆浓度 25%~30%，350 g 矿样，约 900 mL 水)。

3. 沉降过程

(1)将矿浆加入量筒中，加至 1 000 mL 刻度线，此为沉降起点，沉降高度为 H_0，沉降时间为 0 s。

(2)将矿浆用玻璃棒搅拌均匀，开始用秒表计时。每隔 5 s 记录一次沉降高度，随沉降过程进行，记录时间间隔可逐渐延长至 30 min、1 h、2 h 直至沉降平衡，沉降高度几乎不随时间改变，此为终点，沉降高度为 H_u。

(3)观察沉降过程量筒内物料层和澄清区情况，理解沉降过程。

4. 绘制沉降曲线

填写沉降高度 H 与沉降时间 t 表，见表 1-19-1 所列，绘制沉降曲线。

五、数据记录与处理

1. 数据记录

空量筒质量 W_1 = _____ g;

矿样总质量 Q = _____ g;

−200 目质量 m = _____ g;

矿样细度(−200 目比例) = _____;

沉降起点 H_0 = _____ mm;

沉降终点 H_u = _____ mm;

将数据记录在表 1-19-1 中。

表 1-19-1　数据记录

t/s	0	5	10	15	20	25	30	60
H/mm								
t/min	3	5	8	10	12	14	16	18
H/mm								
t/min	20	22	24	26	28	30	35	40
H/mm								
t/min	45	50	60	70	80	100	150	200
H/mm								
t/min	250	300	400	500				
H/mm								

2. 数据处理

沉降速率的计算结果为

$$v = -\frac{\Delta H}{\Delta t} = -\frac{H_0 - H_\mathrm{u}}{t_\mathrm{u}} = \underline{\qquad}\ (\mathrm{mm/min})$$

六、思考题

沉降过程中影响沉降速度的因素有哪些?

实验二十　浓缩矿浆的过滤与干燥

一、实验目的

- 理解并掌握固液分离的基本工艺。
- 理解不同固液分离方法的原理及效果。
- 掌握真空过滤机的使用。
- 掌握鼓风式干燥机的使用。

二、实验原理

浓缩矿浆含水量较高，不能满足精矿产品质量要求，还需进一步固液分离，降低含水量。通过过滤，可将浓缩矿浆的水分含量从原来的40%~50%降低到10%~20%，再将过滤所得滤饼进行烘干，可获得水分含量3%~8%的精矿粉，含水量基本达到精矿产品要求。

浓缩矿浆的过滤与干燥一般采用差减法。

三、实验设备、原料和试剂

1. 实验设备

鼓风干燥机、圆盘真空过滤机、天平、量筒(1 000 mL)、烧杯(2 000 mL)、玻璃棒和DHS烘干法水分测定仪等。

2. 原料和试剂

矿样和浓缩矿浆等。

四、实验步骤

(1)间歇沉降实验所称的矿样质量，记为 Q；

(2)称量空量筒质量，记为 W_1；

(3)倒出间歇沉降实验上层清液，称量间歇沉降实验所得的底流，即浓缩矿浆+量筒的质量，记为 W_2；

(4)浓缩矿浆在圆盘真空过滤机上过滤，称量滤饼的质量，记为 W_3；

(5)将滤饼置于鼓风干燥机内烘干得到矿粉，干燥机温度为100 ℃；

(6)待矿粉烘干后，取出，待冷却至室温后称量干燥矿粉的质量，记为 W_4；

(7)干燥矿粉的水分含量通过DHS烘干法水分测定仪进行测定。

五、数据记录与处理

1. 数据记录

矿样质量 $Q =$ ＿＿＿＿＿＿ g；

加水体积 $V =$ ＿＿＿＿＿＿ ml；

矿浆浓度 $R =$ ＿＿＿＿＿＿％；

量筒质量 $W_1 =$ ＿＿＿＿＿＿ g；

浓缩矿浆+量筒的质量 $W_2 =$ ＿＿＿＿＿＿ g；

滤饼质量 $W_3 =$ ＿＿＿＿＿＿ g；

干燥矿粉质量 $W_4 =$ ＿＿＿＿＿＿ g。

2. 数据处理

原矿浆含水量 $= 1 - R =$ ＿＿＿＿＿＿％；

浓缩矿浆质量 $G_1 = W_2 - W_1 =$ ＿＿＿＿＿＿ g；

浓缩矿浆含水量 $= \dfrac{(G_1 - W_3)}{G_1 \times 100\%} =$ ＿＿＿＿＿＿％；

滤饼含水量 $= \dfrac{(W_3 - W_4)}{W_3 \times 100\%} =$ ＿＿＿＿＿＿％；

干燥矿粉含水量 $=$ ＿＿＿＿＿＿％。

六、结果与讨论

固液分离过程中产品的含水量如何变化？（画图说明）

实验二十一　煤的水分测定

一、实验目的

- 了解煤水分测定的原理。
- 掌握电子天平、DHS 烘干法水分测定仪等设备的使用。
- 提高动手能力、综合运用知识的能力。

二、实验原理

煤中的水可分为游离水和化合水。游离水以附着、吸附等物理现象与煤结合，化合水以化学方式与煤中某些矿物质结合，又称为结晶水。煤中的游离水称为全水分，其中一部分附着在煤表面上，称为外部水分；其余部分吸附或凝聚在颗粒内部的毛细孔内，称为内部水分。煤中的全水分经过足够的时间，可全部从中脱出。

三、实验设备、原料和试剂

1. 实验设备

天平、DHS 烘干法水分测定仪、毛刷和药匙等。

2. 原料和试剂

煤粉等。

四、实验步骤

（1）调整。

①选择合适的电源电压，将电压转换开关拨向正确的位置（选择 220 V）。

②观察水平泡位置，如若偏移，需调整两个水平脚（天平和 DHS 烘干法水分测定仪均需要调整）。

（2）预热。

①插上 DHS 烘干法水分测定仪电源，按一下"ON"键开启显示，显示屏全亮约 2 s。

②打开上盖，设定相应温度为 100 ℃、时间为 30 min，关上上盖。

③打开后部加热电源开关，"－－"标志为接通，"0"标志为断开。

④按一下"ON"键，让 DHS 烘干水分测定仪空秤加热。此时显示屏上方显示"Begin"，右下角显示的是剩余加热时间；30 min 时，自动停止加热，显示屏上方显示"Stop"。

（3）打开上盖冷却，设置时间为 20 min。

（4）待机完全冷却后，按"CR/T"键，去皮重。用天平称量 5 g 左右样品平铺于 DHS 烘干法水分测定仪的秤盘上，关上上盖。

（5）按"ON"键开始加热样品，显示屏上方显示"Begin"。

（6）在加热过程中，每隔 5 min 按一次"MODE"键，则显示屏的水分含量就改变一次。

（7）20 min 时，水分仪停止加热，显示屏上方显示"Stop"，此时显示最终测得的水分含量值。

（8）加热实验结束时，关闭 DHS 烘干法水分测定仪后部的加热电源开关。

五、数据计算与处理

含水量，即失水率的计算公式为

$$L = \frac{(G-g)}{G}$$

干燥率的计算公式为

$$R = \frac{g}{G}$$

回潮率的计算公式为

$$LR = \frac{(G-g)}{g}$$

湿重率的计算公式为

$$OR = \frac{G}{g}$$

式中：G——样品干燥前重量，g；

g——样品干燥后重量，g。

煤分析试样干燥后减少的质量占质量的百分数即为分析试样（或分析基）水分含量 W^f。

$$W^f = \frac{\Delta G_w}{G} \times 100\%$$

式中：ΔG_w——煤分析试样干燥后减少的质量，g；

G——煤分析试样质量，g。

根据计算数据绘制出时间与失水率的关系图。图中，T 为加热剩余时间（min），C 为加热温度（℃）。

六、思考题

为什么失水率会有回升现象？

实验二十二　赤铁矿直接还原粗略测定 Fe_2O_3

一、实验目的

- 了解直接还原法测定赤铁矿中 Fe_2O_3 含量的原理。
- 掌握 Fe_2O_3 含量测定数据处理的方法。
- 提高动手能力、综合运用知识的能力。

二、实验原理

赤铁矿主要成分为 Fe_2O_3，其直接还原的反应方程式如下：

$$Fe_2O_3+3C \Longrightarrow 2Fe+3CO_2$$

在该反应中，C 带走了赤铁矿中的 O，形成了 CO_2 气体，通过计算得出 O 的质量，再推算出 Fe_2O_3 的质量，最后算出赤铁矿中 Fe_2O_3 的含量。

三、实验设备、原料和试剂

1. 实验设备

天平、玻璃棒、样品盆、药匙、计时表、电阻炉、带盖瓷坩埚、坩埚架和石棉手套等。

2. 原料和试剂

煤粉和赤铁矿(粒度为 10~12.5 mm)等。

四、实验步骤

(1)用天平称取粒度为 10~12.5 mm 的赤铁矿(5 g±0.1 g)，放入瓷坩埚。记录赤铁矿称量值 $a=$ _____ g。

(2)假定称量的赤铁矿全部为 Fe_2O_3，按照直接还原的反应方程式计算 C 的质量。

$$Fe_2O_3+3C \Longrightarrow 2Fe+3CO_2$$

$$m_C=\frac{36}{160}\times m_{Fe_2O_3}=\frac{36}{160}\times a=_____(g)=b$$

用天平称取已工业分析的煤 5 g±0.1 g，也放入瓷坩埚(C 为煤的固定碳含量)，并用玻璃棒搅拌均匀。记录煤称量值 $d=$ _____ g。

(3)将准备好的瓷坩埚放入电阻炉中，密封好，加热至 800 ℃，保温 20 min，再冷却至室温(实验场所要通风)。记录还原后称量值 $e=$ _____ g。

(4)计算还原前后质量变化值：$\Delta m=a+d-e=$ _____ g。

五、数据记录与处理

$m_{CO_2} = \Delta m = $ _____ g；

$m_{C消耗} = m_{CO_2} \times \dfrac{12}{44} = $ _____ g；

$m_O = m_{CO_2} - m_{C消耗} = $ _____ g；

$m_{Fe_2O_3} = m_O \times \dfrac{160}{16 \times 3} = $ _____ g；

$w(Fe_2O_3) = \dfrac{m_{Fe_2O_3}}{a} \times 100\% = $ _____ 。

六、思考题

影响直接还原的因素有哪些？

实验二十三　铝土矿的磨矿细度试验

一、实验目的

- 了解磨矿机的基本结构及工作原理。
- 了解磨矿细度的影响因素。
- 掌握磨矿细度试验的基本操作及有关数据处理。

二、实验原理

浮选前的磨矿作业，目的是使矿石中的矿物得到解离，并将矿石磨到适合浮选的粒度。根据矿物嵌布粒度特性的鉴定结果，可以初步估计出磨矿细度，但最终必须通过试验加以确定。

影响磨矿细度的因素很多，在其他条件均相同时，随着磨矿时间的增加，磨矿细度增加。一般根据不同磨矿时间获得的不同磨矿细度绘制磨矿细度曲线，根据磨矿细度曲线寻找最佳磨矿时间。

三、实验设备、原料和试剂

1. 实验设备

磨矿机、量筒、秒表、接矿盆、盘(数个)、洗瓶、天平、输水管、烘干箱、200目筛、铁铲、毛刷和振筛机等。

2. 原料和试剂

铝土矿试样等。

四、实验步骤

(1)用天平称取三份以上的铝土矿试样，在保持其他试验条件相同下，用不同的时间(如2 min、3 min、4 min、5 min、6 min)磨矿，然后进行浮选，比较其结果；

(2)同时平行地取几份铝土矿试样，分别用前面规定的几个磨矿时间磨矿，并将磨矿产品筛析，找出磨矿时间和磨矿细度的关系；

(3)选择结果较好的一两个条件，取相同的一两份铝土矿试样进行相应时间的磨矿、筛析；

(4)将磨矿、筛析后的铝土矿试样烘干，再进行取样，一般为100 g，并在200目的筛子上湿筛；

(5)筛上产物烘干后，再放在200目的筛子上进行检查筛分，前后得的小于200目的物料合并计量，据此计算出该铝土矿试样中200目级别的含量。

五、数据记录与处理

(1)将数据记录在表 1-23-1 中，并计算铝土矿试样细度。

表 1-23-1　数据记录

磨矿时间/ min	质量/g			-0.074 mm 含量
	筛上	筛下	合计	
2				
3				
4				
5				
6				

磨矿细度的计算公式为

$$磨矿细度 = 1 - \frac{筛上固体重量}{固体总量} \times 100\%$$

(2)绘制磨矿细度曲线(磨矿细度与磨矿时间的关系)，分析应用。

六、思考题

为什么湿筛完还要进行干筛?

实验二十四　散体物料磁性物含量测定

一、实验目的

- 了解磁选管的结构、工作原理及操作方法。
- 掌握散体物料磁性物含量试验的操作步骤。

二、实验原理

具有不同磁性的矿物粒子，通过磁选管形成的磁场，必然要受到磁力和机械力（重力和流体作用）的作用。由于磁性较强和磁性较弱的矿粒所受的磁力不同，因此两种矿粒会产生不同的运动轨迹。磁性较强的矿粒富集在两磁极中间，而磁性弱的矿粒则在水流的作用下排出。磁选管与磁极间的相对往复运动，使得磁极间的物料产生"漂洗作用"，将夹杂在磁性矿粒间的非磁性矿粒冲洗出来，于是物料矿粒按其磁性不同能在磁选管中被分选为两种单独的产物。

三、实验设备、原料和试剂

1. 实验设备

磁选管、烧杯、塑料洗瓶、软胶管、自来水管、玻璃棒、给料漏斗、干燥箱、秒表和天平等。

2. 原料和试剂

磁铁矿重介质粉和酒精等。

四、实验步骤

（1）检查设备，并接设备与控制器、控制器与电源间的连线。

（2）用软胶管将玻璃管和自来水管相连接，注水进玻璃管，调节尾矿管上的夹子，使玻璃管内水的流量保持稳定，水面高于磁极 30 mm 左右。

（3）按动电钮，电源接通。电机通过传动装置使玻璃管做往复上下移动和转动。调整手柄使激磁电流为 2.5 A，至此仪器处于待使用状态。

（4）用天平称取 20 g 磁铁矿重介质粉放入 500 mL 的烧杯中，滴入 5~6 滴酒精，并加入适量清水，用玻璃棒搅拌。

（5）将仪器调至待用状态。此时尾矿管有水流出，应用桶接水，该桶同时可收集尾矿。

（6）缓慢将矿浆从给料漏斗中给入磁选管，边给料边搅拌。给料完毕，用清水将烧杯及玻璃棒上的矿粒冲洗入磁选管。此时，磁性物附着在磁极相对应的玻璃管上，非磁性物随水一起从尾矿管排出。

（7）继续给水，当玻璃管内水清晰不混浊时，夹住尾矿管的夹子，同时停水。

（8）切断电源，打开尾矿管的夹子，用 500 mL 烧杯接取磁性物，用水将管壁的磁性物洗净。

（9）将激磁调整手柄回至零位。

（10）精矿和尾矿过滤脱水，滤饼送入 105 ℃ 干燥箱内烘干，干燥后冷却至室温称重。

（11）注意事项：

①磁选管的磁场强度大于磁选机，所以试验时手中不得拿铁器，以免打碎玻璃管；勿将手表等物接近磁极，以免磁化受损。

②分选时一定要冲洗至玻璃管内水清晰不混浊为止。

五、数据记录与处理

（1）将试验所获数据和计算的数据填入表 1-24-1 中。

表 1-24-1 数据记录

试验编号	试料计算质量/g	精矿质量/g	尾矿质量/g	磁性物含量/%	磁选时间/min	激磁电流/A

（2）磁性物含量计算公式为

$$\beta = \frac{G_j}{G} \times 100\% \tag{24-1}$$

式中：β——磁性物含量，%；

G_j——磁性物（磁选出的精矿）质量，g；

G——试料计算质量，g。

六、思考题

（1）磁性物含量与磁选回收率是一个概念吗？

（2）重介质选矿生产过程中，哪些场合需要测定磁性物含量？有何意义。

（3）讨论加料前的预湿有何意义？如果将磁铁矿粉直接加入磁选管可以吗？（一般情况下，干粉试样的湿法处理实验都应当预先用待试液体润湿。）

（4）讨论试样调制成浆过程中，在搅拌时加入适量酒精的目的是什么？

实验二十五　氢氧化铝的制备

一、实验目的

● 了解氢氧化铝制备实验的设计思路及制备条件的选择。

● 培养学生利用实验室或自然界易得原料设计、制备所需物质的能力，培养学生自主设计实验的能力。

二、实验原理

氢氧化铝[$Al(OH)_3$]是典型的两性氢氧化物，既能与强酸反应，又能与强碱反应，其反应方程式如下：

$$Al(OH)_3 + 3HCl \longrightarrow AlCl_3 + 3H_2O$$

$$Al(OH)_3 + NaOH \longrightarrow NaAlO_2 + 2H_2O$$

铝和铝的化合物都可以用来制取氢氧化铝。用较纯净的铝屑制取氢氧化铝有多种方案。

方案一：

$$Al \xrightarrow{H_2SO_4} Al_2(SO_4)_3 \xrightarrow{NaOH \text{ 或氨水}} Al(OH)_3$$

方案二：

$$Al \xrightarrow{NaOH} NaAlO_2 \xrightarrow{H_2SO \text{ 或 } CO_2} Al(OH)_3$$

方案三：

$$Al \begin{cases} \xrightarrow{NH_2SO_4} Al_2(SO_4)_3 \\ \xrightarrow{NaOH} NaAlO_2 \end{cases} \longrightarrow Al(OH)_3$$

如果选用含 Al^{3+} 的物质如明矾、$Al_2(SO_4)_3$ 等为原料制取氢氧化铝，那么可以选用方案一或方案三，但是由于氢氧化铝是典型的两性氢氧化物，与强碱会发生反应，因此选用强碱不好控制，选用弱碱较为理想。

如果选用纯净的氧化铝为原料，可直接用强酸溶解 1 份氧化铝，用强碱溶解 3 份氧化铝，然后混合两种溶液，利用盐类水解制备氢氧化铝。该方法与由铝制备氢氧化铝类似，但在实验室效果不理想。

三、实验设备、原料和试剂

1. 实验设备

滤纸、布氏漏斗、烧杯、玻璃棒和 pH 试纸等。

2. 原料和试剂

铝屑、稀 NaOH 溶液、稀硫酸和浓 NaOH 溶液等。

四、实验步骤

（1）除去铝屑表面的氧化膜。在烧杯中加入约 50 mL 稀 NaOH 溶液，再放入足量的铝屑。给溶液稍加热，2 min 后用倾析法倒出稀 NaOH 溶液，用蒸馏水把铝屑冲洗干净，干燥。称量铝屑的质量，将铝屑分为两份备用，质量比为 1∶3。

（2）在盛有 1 份铝的烧杯中加适量稀硫酸，使铝屑反应至不再有气泡时趁热过滤；在盛有 3 份铝的烧杯中加入适量浓 NaOH 溶液，使铝屑反应至不再有气泡时趁热过滤。然后将两次过滤得到的滤液倒在一起。

（3）用热蒸馏水洗涤反复洗涤反应液，至溶液的 pH 为 7~8。

（4）如果时间允许，可以用晾干的办法干燥 Al(OH)$_3$。由于 Al(OH)$_3$ 受热分解温度在 300 ℃ 左右，有条件也可以采用低温烘干的办法。

五、数据记录与处理

（1）根据溶液变化和沉淀物的变化，理解铝盐的两性。

（2）分别用"实验原理"中铝屑制取 Al(OH)$_3$ 的三种方案来制备 Al(OH)$_3$，根据酸碱用量及 Al(OH)$_3$ 产量，定性分析出最佳方案。

（3）观察 Al(OH)$_3$ 的性状。

六、思考题

（1）原料的选择以原料是否易得、价格是否便宜为原则。

（2）制备方案遵循的原则是原料廉价，原理绿色，条件优化，仪器、操作简单，分离方便，实验室容易提供所需的条件。

学生可对照以上标准找出自己实验的优点和缺点。

测一测　扫一扫

课程思政

攀钢实现普通高炉冶炼高钛型钒钛磁铁矿
——开创冶金行业世界先河

为解决用普通大型高炉冶炼高钛型钒钛磁铁矿的世界性难题，1964 年，冶金部汇聚全国钢铁领域科技力量，组成了攀枝花钒钛磁铁矿高炉冶炼试验组。从 1964 年到 1967 年，试验组辗转承德、西昌、北京等地，创造性地开展了 1 000 多次试验。1970 年 7 月 1 日，攀钢集团有限公司第一炉铁水顺利"分娩"，开启了用普通大型高炉冶炼高钛型钒钛磁铁矿的世界先河，实现了高钛型钒钛磁铁矿从无法冶炼到工业生产的跨越。

拓展阅读

鲁班造锯
——世上无难事，只怕有心人

相传有一次鲁班进深山砍树木时，一不小心脚下一滑，手被一种野草的叶子划破了，渗出血来，他摘下叶片轻轻一摸，原来叶子两边长着锋利的齿，他用这些密密的小齿在手背上轻轻一划，居然割开了一道口子。齿状的工具能很快地锯断树木，鲁班受这件事启发，经过多次试验，终于发明了锋利的锯子，大大提高了工作效率。

鲁班的发明有很多，每一项发明都是鲁班在生产实践中得到启发，经过反复研究、试验得到的。勤奋刻苦，巧思创新，精益求精是鲁班精神，也是我们应传承的职业精神。

第二篇

技能实训单元

实训一 颚式破碎机认识及使用

一、实训目的

- 了解颚式破碎机分类。
- 了解实验室颚式破碎机的原理及结构。
- 掌握颚式破碎机的操作流程及注意事项。

二、颚式破碎机原理

颚式破碎机俗称颚破，又名老虎口，由动颚和静颚两块颚板组成破碎腔，模拟动物的两颚运动而完成物料破碎作业。颚式破碎机可分为单摆颚式破碎机和复摆颚式破碎机两类。

1. 单摆颚式破碎机原理

单摆颚式破碎机的动颚悬挂在偏心轴上，可做左右摆动。偏心轴旋转时，连杆做上下往复运动，带动两块推力板也做往复运动，从而推动动颚做左右往复运动，实现破碎和卸料。此种破碎机采用曲柄双连杆机构，虽然破碎过程中动颚上受到很大的破碎反力，但其偏心轴和连杆却受力不大，所以工业上单摆颚式破碎机多被制成大型机和中型机，用来破碎坚硬的物料。此外，这种破碎机工作时，动颚上每点的运动轨迹是以偏心轴为中心的圆弧，圆弧半径等于该点至轴心的距离，上端圆弧小，下端圆弧大，因此破碎效率较低，破碎比一般为3~6。由于运动轨迹简单，因此其又被称为简单摆动式颚式破碎机。

简单摆动式颚式破碎机结构紧凑简单，偏心轴等传动件受力较小，不易损坏；由于动颚垂直位移较小，加工时物料较少有过度破碎的现象，因此动颚颚板的磨损较小。

2. 复摆颚式破碎机原理

复摆颚式破碎机的动颚上端直接悬挂在偏心轴上，作为曲柄连杆机构的连杆，由偏心轴的偏心直接驱动，动颚的下端铰链着推力板支撑到机架的后壁上。当偏心轴旋转时，动颚上各点的运动轨迹是由悬挂点的圆周线（半径等于偏心距），逐渐向下变成椭圆形，越向下部，椭圆形越扁，直到下部与推力板连接点轨迹为圆弧线。由于这种机械中动颚上各点的运动轨迹比较复杂，因此其被称为复杂摆动式颚式破碎机。

复杂摆动式颚式破碎机与简单摆动式破碎机相比较，其优点是质量较轻，构件较少，结构更紧凑，破碎腔内充满程度较好，所装物料块能够受到均匀破碎。此外，其动颚下端强制性推出成品卸料，故生产率较高（比同规格的简单摆动式颚式破碎机的生产率高出20%~30%）；物料块在动颚下部有较大的上下翻滚运动，容易呈立方体的形状卸出。

三、颚式破碎机结构

颚式破碎机主要由静颚、动颚、机架、上下护板、调整座、动颚拉杆等部分组成。

四、颚式破碎机特点

(1)噪音低,粉尘少。

(2)破碎比大,产品粒度均匀。

(3)结构简单,工作可靠,运营费用低。

(4)润滑系统安全可靠,部件更换方便,设备维护保养简单。

(5)破碎腔深而且无死区,进料能力强、产量高。

(6)设备单机节能 15%~30%。

(7)排料口调整范围大,可满足不同用户的要求。

五、颚式破碎机操作流程

1. 空载试车

(1)连续运转 2 h,轴承温升不得超过 30 ℃。

(2)所有紧固件应牢固,无松动现象。

(3)飞轮、槽轮运转平稳。

(4)所有摩擦部件无擦伤、掉屑和研磨现象,无不正常的响声。

(5)排料口的调整装置应能保证排料口的调整范围。

2. 有载试车

(1)不得有周期性或显著的冲击声、撞击声。

(2)最大给料粒度应符合设计规定。

(3)连续运转 8 h,轴承温升不得超过 30 ℃。

3. 使用颚式破碎机前准备工作

(1)仔细检查轴承的润滑情况是否良好,推力板的连接处是否有足够的润滑脂。

(2)仔细检查所有紧固件是否紧固。

(3)仔细检查传动带是否良好。若发现有破损现象,应及时更换;当传动带或带轮上有油污时,应用抹布将油污擦净。

(4)检查防护装置是否良好。若发现有不安全现象,应及时排除。

(5)检查破碎腔内有无矿石或杂物。若有矿石或杂物,必须清理干净,以确保破碎机空腔起动。

六、颚式破碎机安全操作注意事项

(1)穿戴好劳动保护用品后,方可开始操作。

（2）破碎机正常运转后，方可投料生产。

（3）待碎物料应均匀地加入破碎腔内，应避免侧向加料或堆满加料，以免单边过载或承受过载。

（4）正常工作时，轴承的温升不应该超过 30 ℃，最高温度不得超过 70 ℃。超过上述温度时，应立即停车，查明原因并加以排除。

（5）停车前，应先停止加料，待破碎腔内物料完全排出后，方可关闭电源。

（6）破碎时，如因破碎腔内物料阻塞而造成停车，应立即关闭电源停止运行，将破碎腔内物料清理干净后，方可再行起动。

（7）颚板一端磨损后，可掉头使用。

（8）破碎机使用一段时间后，应将紧定衬套松动，防止损伤机器。

实训二　球磨机的认识及使用

一、实训目的

- 了解球磨机分类。
- 了解实验室球磨机的原理及结构。
- 掌握球磨机的操作流程及注意事项。

二、球磨机用途

球磨机是物料被破碎之后，再进行粉碎的关键设备。球磨机广泛应用于水泥，硅酸盐制品，新型建筑材料、耐火材料，化肥，黑色与有色金属选矿，以及玻璃陶瓷等生产行业。

三、球磨机工作原理

磨矿作业是在球磨机筒体内进行的。一方面，筒体的研磨介质随着筒体的旋转被带到一定的高度后，研磨介质受自重而下落，装在筒体内的矿石就受到研磨介质猛烈的冲击；另一方面，研磨介质在筒体内沿筒体轴心进行公转与自转，在研磨介质之间及研磨介质与筒体的接触区会对矿石产生挤压。在上述两方面的作用下，球磨机将矿石磨碎。

四、球磨机主要结构

1. 筒体

筒体是球磨机比较主要的部件。它是由一定厚度的钢板焊接制成的圆形装置。工作时，它除承受自身研磨介质等静载荷外，还受研磨介质冲击筒身回转产生的交变应力，因此它必须具有足够的强度和刚度。

2. 轴承

轴承是球磨机的支撑部件，承载球磨机回转部分的质量和研磨介质的冲击载荷。现在的球磨机改用滚动轴承代替滑动轴承，运转阻力小，节能显著，因此更要做好润滑、散热等工作。

3. 传动装置

球磨机是重载、低恒速的机械，一般传动装置分边缘传动和中心传动两种形式，包括电动机、减速机、传动轴、边缘传动的大小齿轮及三角带等。

4. 进、出料装置

球磨机的进、出料装置主要由带有中空轴颈的端盖、联合给料器、扇形衬板和轴颈内套等部件组成。

五、球磨机的分类和特点

1. 球磨机的分类

(1)球磨机按照磨矿方式的不同,可分为干式和湿式两种。

(2)球磨机按照研磨方式的不同,可分为开流和圈流两种。

(3)球磨机按筒体长径比的大小,可分为短磨、中长磨和长磨(也称为管磨机,其内部一般分成2~4个仓,在水泥厂用得也较多)三种。

2. 球磨机的特点

球磨机的特点是粉碎比大(产品比较细)、对物料的适应性强、成品粒度易于调整、便于大型化生产使用。因此球磨机在水泥工业中得到了广泛的应用。

六、球磨机的操作流程

1. 球磨机的启动

球磨机及其附属设备的启动顺序如下:

(1)球磨机主轴承和传动装置的润滑装置、高压浮力系统和冷却水系统;

(2)引风机、收尘器及出料输送设备;

(3)球磨机出料设备;

(4)主电动机;

(5)喂料设备。

2. 球磨机的检查

球磨机在运转前、运行中和结束后都要进行检查。

(1)检查球磨机的润滑、冷却是否正常。

(2)检查球磨机运转是否平稳,主轴承的振幅不得超过0.1 mm。

(3)主轴瓦的温度不得超过60 ℃。

(4)各处密封是否良好,应无漏灰、漏油、漏水。

(5)检查所有连接螺栓、地脚螺栓和筒体衬板螺栓等是否有松动、脱落、折断。

(6)电动机及其控制系统应工作正常,运转中电源和电压应在规定范围内。

(7)高压浮力系统是否工作正常,启动控制是否灵敏。

(8)检查各信号装置是否灵敏。

(9)传动装置中,减速机和电动机应按照各自有关文件和图纸进行检查。

(10)运转中要注意观察中空轴、油环转动是否带油,中空轴温度是否正常,如发现中空轴发热,且温度接近烧瓦温度时,应立即采取强制冷却措施,但不得马上停车,以免造成"抱轴"。同时,注意检查各润滑部位油量、温度,定时加油。

3. 紧急停磨

球磨机运转中,当发生下列异常情况之一时,应立即与有关岗位联系,按规定顺序停车，检查并排除故障。

(1)主轴承的振幅超过规定值。

(2)主轴瓦温度超过 60 ℃。

(3)因冷却水系统和润滑装置故障导致润滑油温度过高。

(4)各处连接螺栓发生松动、折断或脱落。

(5)隔仓板因堵塞而影响生产。

(6)球磨机内部零件发生破裂、脱落。

(7)减速机、电动机出现异常振动、噪音、温升。

(8)出料筛筒发生严重堵塞而使物料随渣子一起排出。

七、球磨机操作注意事项

1. 球磨机启动前及停止后的操作要求

(1)启动前先慢速驱动使球磨机慢转一周(慢转前先启动润滑装置)，然后按启动顺序启动。

(2)球磨机停止后，为防止因长时间停磨而引起筒体变形，按下面间隔时间通过慢驱动转动磨体：10 min、10 min、20 min、20 min、30 min、60 min、60 min、60 min，并且在此时间内启动高压油泵以免因冷缩擦伤轴瓦。球磨机每次转动 180°。

2. 球磨机长时间停止运转的注意事项

(1)冬季长期停磨时，待磨体温度完全降到与环境温度相同后，再将冷却水系统停止，并用压缩空气将主轴瓦内存水吹放干净。

(2)将研磨体倒出，以防筒体变形。

实训三 实验室浮选机操作

一、实训目的

- 熟悉实验室浮选机选别原理及内部结构。
- 掌握浮选机的具体操作。

二、实训原理

实验室浮选机主要有五大部分组成，分别是电机、搅拌器、浮选槽、吸气管及阀门，排出矿化泡的刮板。其工作原理与现场机械搅拌式浮选机类似：电机带动皮带轮旋转，皮带轮带动主轴旋转，主轴上的叶轮旋转甩出矿浆；叶轮和定子间产生负压，使气体通过进气管进入浮选机内部，气体与矿浆混合搅拌产生大量气泡；目的矿物与气泡附着，上升至浮选槽表面，被刮板刮出，其他矿物留在矿浆中，实现分选。

三、实训设备、原料和试剂

1. 实验设备

XFD 单槽浮选机、浮选槽、烧杯、洗瓶、洗耳球、天平和秒表等。

2. 原料和试剂

矿样和浮选药剂等。

四、实训步骤

(1)用天平称取待选矿样 300 g，倒入烧杯中用水充分润湿。

(2)将清水装入到浮选槽中，将浮选槽固定在浮选机上，关闭进气阀门，开动浮选机进行清洗，并检查叶轮旋转是否正常，进气孔、回浆管是否畅通。

(3)清洗 0.5 min 后，关闭浮选机，卸下浮选槽，将浮选槽中的水倾倒并清洗干净。

(4)将润湿好的矿浆转移到浮选槽中，并将浮选槽固定在浮选机上，加入补加水使矿浆液面达到适宜的高度。

(5)依次加入各种浮选药剂，每种浮选药剂加入后均搅拌 2 min。

(6)加浮选药剂结束后，打开进气阀门和刮板开始浮选，并用秒表开始计时。

(7)在浮选过程中根据现象变化，随时用洗瓶吹出适量的水冲洗浮选槽内附着于叶轮或刮板上的矿浆，并作为补加水调整矿浆液面的高低。

(8)浮选至预定时间后浮选结束，关闭进气阀门，并将溢流堰和刮板上的精矿用水冲入到精矿烧杯中，精矿拿去脱水、烘干、称重。

(9)关闭浮选机，将槽内的矿浆倒出，并用洗瓶清洗浮选槽、叶轮、循环孔等。

（10）整理、整顿浮选机周围环境。

五、数据记录与处理

将数据记录在表 2-3-1 中。

表 2-3-1 数据记录

选别矿物名称	原矿质量	精矿质量	精矿产率%

六、思考题

（1）浮选到达预定时间，如果先停机，再关闭进气阀门，会出现怎样的后果？

（2）你认为该浮选机是否存在需要改进的地方？

实训四　矿石破碎筛分工艺流程实践操作

一、实训目的

- 认识并掌握破碎筛分设备的工作原理和操作要求；
- 通过破碎筛分工艺流程实践操作，理解并掌握矿石破碎筛分工艺流程的设计原则。

二、实训设备、原料和试剂

1. 实训设备

颚式破碎机、对辊破碎机、标准筛、振筛机、天平、盘子、铲子和毛刷等。

2. 原料和试剂

矿石试样等。

三、实训内容

(1)矿石破碎(粗碎、中碎、细碎)筛分工艺流程设计。

(2)矿石破碎(粗碎、中碎、细碎)筛分工艺流程实践操作。

设计原则：满足工艺需求，并经济合理。

四、实训步骤

(1)整理实训器具，清洗玻璃器皿，校准天平，检查调试所有实训用设备。

(2)取矿石试样一份置于台秤称出总质量 m_0，读数精确至 0.1 g。

(3)根据矿石性质和破碎要求设计破碎流程，并规范画出流程图。

(4)按设计工艺流程图进行实践操作。

(5)对每一级破碎筛分操作得到的达标和不达标物料(筛下、筛余)进行称量计重，计算合格率与返料率。

(6)实训结束后整理实训场地，实训器具清洗归位，打扫实训室卫生。

五、数据记录与处理

(1)破碎筛分合格率以各级筛孔的质量通过百分率表示。

(2)同一种物料至少取三个试样平行试验三次，取平均值作为每一级破碎筛分的操作数据。

(3)按操作结果(合格率和返料率数值)调整操作过程控制。

六、实训结果分析与讨论

对实训过程及操作结果进行分析讨论，对实训操作过程中出现的异常情况及异常数据进行分析总结。

实训五　圆盘制粒机的使用

一、实训目的

- 了解圆盘制粒机的结构。
- 掌握圆盘制粒机制粒的工作原理。
- 掌握圆盘制粒机制粒的操作步骤。

二、实训原理

圆盘制粒机通过圆盘不断地旋而转制造颗粒。圆盘制粒机工作原理：主电动机驱动皮带轮和皮带转动，通过减速机传动小齿轮，小齿轮与固定在盘底的大齿轮相互啮合，相向工作；大齿轮通过特殊合理的设计，固定安装在机架调节盘的主轴上，以支撑整个制粒盘的工作。当物料进入制粒盘后，制粒盘不断旋转使其均匀地黏合在一起，从而形成圆球状颗粒。

圆盘制粒机如图 2-5-1 所示。

图 2-5-1　圆盘制粒机

三、实训设备、原料和试剂

1. 实训设备

圆盘制粒机、天平、盘子、毛刷和筛子等。

2. 原料和试剂

铜精矿物料和黏结剂等。

四、实训步骤

(1)将铜精矿物料破碎筛分。

(2)用天平称取 1 kg 的铜精矿物料。

(3)启动圆盘制粒机。

(4)加入称取好的铜精矿物料。

(5)加入适量的黏结剂。

(6)观察成球过程。

(7)实训完毕,打扫实训室卫生。

五、数据记录与处理

成球的技术条件:

物料质量_____ kg;

制粒时间_____ min;

黏结剂体积_____ L。

六、图形绘制

绘制出圆盘制粒机的结构示意图。

七、思考题

转速不一样得到的球体大小一样吗?

实训六　井式气体渗碳炉的操作

一、实训目的

- 了解井式气体渗碳炉的结构。
- 了解井式气体渗碳炉的工作原理及用途。
- 掌握井式气体渗碳炉的操作方法。

二、实训设备、原料和试剂

1. 实训设备

井式渗碳炉及辅助设备。

2. 原料与试剂

煤油(或甲醇)。

三、井式气体渗碳炉的基本知识

(1)作用：井式气体渗碳炉是新型节能周期作业式热处理电炉，主要供钢制零件进行气体渗碳。

(2)工作方式：周期作业式热处理。

(3)优点：由于选用超轻质节能炉衬材料和先进的一体化水冷炉用密封风机，因此井式气体渗碳炉炉温均匀、升温快、保温好，工件渗碳速度快，碳势气氛均匀，渗层均匀。此外，其在炉压升高时，亦无任何泄漏，因此提高了生产效率和渗碳质量。

(4)结构：井式气体渗碳炉由炉壳、炉衬、炉盖升降机构、炉用密封风机、马弗罐、加热元件和电控系统等组成。炉壳由钢板和型钢焊接而成。炉衬是由 0.6 g/cm³ 高强度超轻质节能耐火砖铝纤维、硅藻土保温砖井式渗碳炉及石棉板砌筑而成的节能型复合结构。炉盖升降机构由电机、齿轮泵等部件组成，当开启炉盖时，只需按下控制箱上的按钮，炉盖即以 30~70 mm/s 的速度上升。为安全起见，在升降轴上装设有两个行程开关，当炉盖上升时，下部行程开关自动切断渗碳炉控制柜主回路电源，使加热元件断电停止工作，上部行程开关则限制升降轴升起的高度，以防升降轴升起过高而脱出。

炉用密封风机装在炉盖上，供搅拌马弗罐内的气氛并使之成分均匀，同时使炉温趋于均匀。在炉盖上还装有三根通向炉膛马弗罐内的工艺管。一根套管顶端安装三头不锈钢滴注器，由三头滴注器向炉内滴注甲醇、煤油或其他有机液体，各种液体均可调节；该套管上的氨气孔可用来向炉内输送氨气作碳、氮共渗之用(不渗氮时可将此管口封闭)。第二根套管为取样管，由耐热钢制成(铸件)。该套管上部的一管接头可与"U"型玻璃管压力计连接，用来监视马弗罐的炉膛情况，其作用是维护炉压，保证渗碳或碳、氮共渗的正常进行。加热元件由电热合金丝绕成螺旋状，安装在炉衬内壁上，并通过引出棒引出炉外，井式气体渗碳炉的温度由插入炉膛的热电偶，通过补偿导线将信号传送给自动控温柜，控温柜自动控制、调节并记录炉内的加热温度。第三根套管为排气管，其作用是控制炉气。该套管下部的管接头可与二氧化碳红外仪相接。该套管的顶端有一调整放气和调节炉内压力大小的封帽，此封帽排出的废气应点燃烧掉，排出的火焰以 200~300 mm 高为宜。井式渗碳炉配有冷却桶(选配)，用来存放处理后的零件，桶盖上设有砂封槽。

四、实训步骤

1. 开炉前的准备工作

(1)清除马弗罐内的炭黑，检查密封衬垫。

(2)检查循环风扇、电动机，给轴承加润滑脂、冷却水套通水。

(3)检查热电偶位置及油压提升机构。

(4)检查滴定器、甲醇、煤油储存器。

2. 开炉的操作规程

(1)合上电源开关。

(2)调整仪表自动控制装置，正常后才允许通电升温。

(3)升温时开动风扇。

(4)井式气体渗碳炉的炉温升至 850 ℃时，开始滴入煤油(或甲醇)。

(5)井式气体渗碳炉的炉温升至需要温度后，先切断井式气体渗碳炉和风扇的电源，再装进工件。然后关紧井式气体渗碳炉炉门，接通井式气体渗碳炉和风扇的电源。工件渗碳后，如果是缓冷就随炉冷却；如果是直接淬火，可在炉温降至 800 ℃时，将工件取出。

(6)工件出炉后，关紧炉盖，继续开动风扇，切断井式气体渗碳炉的电源，滴入少量煤油。

(7)井式气体渗碳炉的炉温降至 850 ℃时，停止滴入煤油。

(8)井式气体渗碳炉的炉温降至 600 ℃时，停止风扇，切断电源开关。

实训七　液压折弯机的操作

一、实训目的

- 了解液压折弯机的结构。
- 掌握液压折弯机的操作方法，能应用液压折弯机折弯出 90°、60°的薄板金属。
- 掌握液压折弯机的保养方法。

二、实训原理

液压折弯机(见图 2-7-1)包括支架、工作台和夹紧板。工作台置于支架上，工作台由底座和压板构成，底座通过铰链与夹紧板相连，底座由座壳、线圈和盖板组成，线圈置于座壳的凹陷内，凹陷顶部覆有盖板。

图 2-7-1　液压折弯机

液压折弯机的结构特点：

(1)液压折弯机上传动机床两端的油缸安置于滑块上，直接驱动滑动工作；

(2)采用机械挡块结构，稳定可靠；

(3)滑块行程可机动快调、手动微调，且有计数器显示；

(4)采用全钢焊结构，具有足够的强度和刚性；

(5)滑块同步机构采用扭轴强迫同步；

(6)采用斜楔式的挠度补偿机构，以保证获得较高的折弯精度。

三、实训设备、原料和试剂

1. 实训设备

液压折弯机等。

2. 原料和试剂

钢板和润滑油等。

四、实训内容

（1）以小组为单位熟悉液压折弯机的设备结构，并每人动手空载操作液压折弯机三次。

（2）以小组为单位将 5 mm 厚的钢板折弯 90°和 60°各一次。

五、液压折弯机的操作规程

（1）设备使用前，向滑块部分加油润滑。且本设备的操作与维修必须经过培训后，由专人负责。

（2）设备开动后，根据折弯工件的厚度、长度，调节溢流阀，达到所需的压力，不得超过机器的公称的压力。

（3）滑块下限必须根据板厚、折弯角度及滑块的下死点调整。

（4）滑块上限是为了减小滑块的空行程距离，提高设备的利用率，可根据具体情况通过调节气缸的行程挡块来控制行程开关，保证滑块停至适当的位置。

（5）滑块慢速行程的调整：调整行程挡块控制行程开关，使上模具靠近工件时，切换为慢速行程。

（6）折弯的精度调整：在工件折弯的前后角度稍有偏差时，可略松开磨具紧固螺钉，左右移楔块，对上滑块进行上下微调，再紧固螺钉，重新试折至满意。

（7）油箱内的液压油每半年或一年更换一次，可根据使用情况确定，液压油使用 N46。

（8）每日工作完成后，擦洗滑块上的润滑油，涂抹新的润滑油，清理模具内的灰尘和铁渣。

六、液压折弯机的保养规程

1. 日常保养

班前保养规程：

（1）按规定要求润滑各部位；

（2）检查限位及安全防护装置是否完好，电路及接地是否完好；

（3）检查各部位紧固件是否牢靠；

（4）检查各部机构有无异常，各运转部位有无异物。

班后保养规程：切断电源，部件归位，清洁机器，清除一切下脚料及杂物，打扫实训室卫生。

2. 定期保养

外观保养：

（1）擦拭机床，无黄袍，无油污；

（2）配齐缺损零件。

上滑块保养：

（1）检查调整上滑块与工作台的平行度，修光滑块、导轨毛刺，调整各部间隙；

（2）检查调整直控平衡阀，防止上滑块下滑，修复或更换严重磨损零件；

（3）擦拭导轨、丝杆、滑动面。

液压润滑保养：

（1）检查和清洗油泵、油缸、活塞、滤网、换向阀、修光毛刺；

（2）配齐缺件，疏通油路，修复或更换损坏零件；

（3）检查压力表，调整压力；

（4）检查油质、油量，酌情添加新油。

电气保养：

（1）清扫擦拭电动机、电器箱，补充或更换润滑油；

（2）检查紧固接零装置，检查线路、电控箱及其控制系统，保证整洁、可靠。

实训八 冶金机电设备点检——机械单元点检操作训练

一、实训目的

• 依托1+X冶金机电设备点检证书考试系统，模拟冶金生产企业现场实际业务管理要求，了解设备点检的意义。

• 熟悉设备点检的流程及基本操作，完成设备点检深化设计作业，并对企业生产过程、生产现场设备的运行监督和管理有基本认识。

二、实训原理

以冶金机电设备为载体，依托虚拟现实、多媒体、人机交互、数据库和网络通信等技术，构建虚实结合的实训环境，将量器具使用、设备认知、机械装调、机电仪排查故障（以下简称排故）融于一体，在虚拟环境中进行机械装调训练，能完整的、按工艺操作规程进行操作。

系统自动设置机械故障、电仪故障，自动检测分析排故结果，无须人为干预。

三、实训设备

1+X冶金机电设备点检证书培训考试系统。机械单元点检设备如图2-8-1所示，配置清单见表2-8-1所列。

图 2-8-1 机械单元点检设备

表 2-8-1 机械单元点检配置清单

序号	设备		规格型号	数量
1	测量识别柜	蜗杆	2 模 45 齿蜗轮+蜗杆	1
2		蜗轮		1
3		传动轴	定制	1
4		轴套	定制	3
5		皮带轮	单槽 A 型/内径 24-外径 90	1
6		直齿轮	2 模 48 齿；直径：100 mm；齿宽：20 mm	1
7		滚动轴承	深沟球轴承 61906	1
8		斜齿轮	2 模 25 齿；外径：74 mm；内径：14 mm	1
9	智能减速机故障点检考核装置	变频电机	TC7124（B3-4 级-0.37 kW，变频）	9
10		蜗轮蜗杆减速机	型号：WPWA60-A；减速比：1/30	3
11		一级斜齿减速机	型号：ZD10-7-Ⅳ；减速比：1/4	3
12		二级圆柱圆锥减速机	型号：DBY160-10-Ⅱ；减速比：1/10	3
13		智能转盘装置	外形尺寸：直径 1 850 mm，整体高度约 1 200 mm，桌面高度约 770 mm；整机重量：≤1.6 T；速度范围约 1~3.17 r/min	1
14		万向节联轴器	外径：40 mm；长度：118 mm；内径 1：14 mm；内径 2：15 mm	3
15		梅花联轴器	外径：55 mm；长度：78 mm；内径 1：14 mm；内径 2：25 mm	3
16		同步带轮	8 M 型，24 齿，外宽 38 mm，齿宽 33 mm，内径 14 mm 带标准平键槽	3
17		同步带	8 M 型，带宽 30 mm	3
18		小型移动起重龙门架	载重 1 t	1
19	智能辊道故障点检考核装置	减速电机	MTD 17-Y-0.37-4 P-19.71-M1-0°	4
20		定制辊道	定制	6
21		弹性柱销联轴器	LX1，孔径 18 转 20，轴孔 Y 型	1
22		齿轮联轴器	GIICL 齿形联轴器 GIICL1	1
23		梅花联轴器	外径：55 mm；长度：78 mm；内径 1：18 mm；内径 2：20 mm	1
24		万向联轴器	外径：40 mm；长度：118 mm；内径 1：14 mm；内径 2：15 mm	1
25		轴承座	轴承座 UCP204	8
26		辊道底座	1 500 nm×1 000 mm 定制	1
27		链传动机构	定制	1
28		皮带传动机构	定制	1

四、实训内容

冶金机电设备机械单元点检主要包括认知识别、量器具使用、客观分析、虚拟交互、实际操作五部分实训内容。

1. 认知识别训练

（1）实物认知：摆放若干体积较小的零部件及设备，然后对这些设备分别编号，答题时根据要求把与题目对应的编号输入系统即可完成答题。

（2）虚拟认知：系统内设置某几种设备的 3D 模型，答题时直接在系统的触摸屏幕上用手指单击要求识别的位置即可。

2. 量器具使用训练

设置游标卡尺、千分尺等测量工具，并设置被测件若干（如齿轮、轴承、轴套等），或者在机械实际操作题目设置的机械设备中选择（如减速机中传动轴的外径、键槽等）。题目会要求学员测量某被测件的某项值，并有测量精度要求。使用工具进行相应测量并把实际测量值输入触摸屏幕上的输入框内即可完成答题。

3. 客观分析训练

客观分析训练主要是针对机械理论基础的考察，包括安全规范类、操作规范类、基础信息维护类、点检计划编制类等。

4. 虚拟交互训练

虚拟交互训练属于无实物考核训练。答题时根据题目要求在触摸屏幕上操作答题即可。

5. 实际操作训练

实际操作训练设置两个真实的智能化机械检测、调整和维护设备操作训练。其主要包括智能减速机故障点检考核装置和智能辊道故障点检考核装置。训练中为设备加装运动机构、传感器、数据采集及操控设备，设备可更改状态，操作人员使用仪器设备进行检测，考察操作人员的实际动手能力。

五、数据记录与处理

一级斜齿减速机点检计划表分为三部分，停机点检计划见表 2-8-2 所列，运转中点检计划见表 2-8-3 所列，机械单元点检操作现场评分记录见表 2-8-4 所列。

表 2-8-2　停机点检计划

序号	点检内容	点检部位	点检方法	点检标准	点检结果	点检数据	备注
1	螺栓检查	地脚螺栓	目视	紧固、齐全、无松动			
2		中分面螺栓	目视	紧固、齐全、无松动			
3		端盖螺栓	目视	紧固、齐全、无松动			
4		电动机螺栓	目视	紧固、齐全、无松动			
5		联轴器螺栓	目视	紧固、齐全、无松动			
6	外观检查	箱体外观	目视	无开裂、无泄漏			
7		电机接线盒	嗅觉	无异味			
8	油量检查	油尺	目视	上下刻度线之间			

（续表）

序号	点检内容	点检部位	点检方法	点检标准	点检结果	点检数据	备注
9	泄漏检查	轴端	目视，手摸	无泄漏			
10		油塞	目视，手摸	无泄漏			
11		中分面	目视，手摸	无泄漏			
12		窥视孔	目视，手摸	无泄漏			
13	对中检查	联轴器	目视	同轴度符合			

表 2-8-3 运转中点检计划

序号	点检内容	点检部位	点检方法	点检标准	点检结果	点检数据	备注
1	螺栓检查	地脚螺栓	点检锤	紧固、齐全			
2	异音检查	输入轴轴承	耳听，听音棒	无异音			
3		输出轴轴承	耳听，听音棒	无异音			
4		小齿轮	耳听，听音棒	无异音			
5		大齿轮	耳听，听音棒	无异音			
6		联轴器	耳听	无异音			
7	温度检查	输入轴轴承	手摸，点温仪	室温+40 ℃			
8		输出轴轴承	手摸，点温仪	室温+40 ℃			
9		电机轴轴承	手摸，点温仪	不超过 80 ℃			
10	振动检查	输入轴	手摸，测振笔	无振动			
11		输出轴	手摸，测振笔	无振动			
12		小齿轮	测振笔	无振动			
13		大齿轮	测振笔	无振动			
14		电机机壳	手摸	无振动			

表 2-8-4 机械单元点检操作现场评分记录

序号	扣分项	扣分	现场记录	扣分
1	未正确穿戴好防护劳保护品，严重者取消本项训练资格	扣 10 分		
2	违反训练秩序，提前进行操作或操作时间仍继续操作	扣 5 分		
3	操作训练过程中，不经过测量、检测，直接输入答案	扣 20 分		
4	违反操作规程和因操作不当造成设备损坏或影响其他人员操作的	扣 20 分		
5	非故意操作不当可能导致安全事故的	扣 20 分		
6	浪费材料、工具遗忘在现场等不符合职业规范的行为	扣 5 分		
7	静态点检时，未在设备操作开关部位悬挂点检牌	扣 5 分		
8	损坏现场提供的装备、污染现场环境等不符合职业规范的行为	扣 10 分		
	合计			

六、安全操作规范

(1)点检前必须按标准穿戴好防护劳保护品,设备检修人员必须经过安全及设备使用培训后才能上岗,特殊工种必须持证上岗。

(2)日常点检必须严格执行点检标准,严禁在各传动设备上行走和跨越。

(3)静态点检前,要与监护人员打招呼,并在设备操作开关部位悬挂点检牌,同时要确认操作手柄归零位,才能点检。

(4)动态点检前,必须将点检牌交还监护人员,并确认好安全注意事项,保证安全,才能动态点检。

(5)如需使用铁锤,要先检查锤头、锤柄是否牢固。不准戴手套打锤,且打锤时周围不得站人。

(6)点检作业结束后,必须做到"工完料净场地清",工具和机械设备必须移到指定的区域摆放整齐。

实训九　冶金机电设备点检——仪表单元点检操作训练

一、实训目的

●依托 1+X 冶金机电设备点检证书考试系统，模拟冶金生产企业现场实际业务管理要求，了解设备点检的意义。

●熟悉设备点检的流程及基本操作，完成设备点检深化设计作业，并对企业生产过程、生产现场设备的运行监督和管理有基本认识。

二、实训原理

以冶金机电设备为载体，依托虚拟现实、多媒体、人机交互、数据库和网络通信等技术，构建虚实结合的实训环境，将量器具使用、设备认知、机械装调、机电仪排故融于一体，在虚拟环境中进行机械装调训练，能完整的、按工艺操作规程进行操作。

系统自动设置机械故障、电仪故障，自动检测分析排故结果，无须人为干预。

三、实训设备

1+X 冶金机电设备点检证书培训考试系统。仪表单元点检过控仪表清单见表 2-9-1 所列，仪表单元点检控制柜元件清单见表 2-9-2 所列。

表 2-9-1　仪表单元点检过控仪表清单

序号	类型	型号	编号
1	过控对象模拟装置	三相水泵 1	001
2		三相水泵 2	002
3		电磁阀	003
4		压力变送器	004
5		比例调节阀	005
6		电磁流量计	006
7		电动阀	007
8		液位变送器	008
9		温度变送器	009
10		压力表	010

表 2-9-2　仪表单元点检控制柜元件清单

序号	类型	型号	编号
1		3P 空气开关	011
2		交流接触器	012
3		DCS 数字量模块	013
4		DCS 模拟量模块	014
5	控制柜内	开关电源	015
6		中间继电器	016
7		隔离光栅	017
8		固态继电器	018
9		三相变频器	019

四、实训内容

冶金机电设备点检仪表单元点检包括认知识别、量器具使用、客观分析、排故操作四种训练内容。

1. 认知识别训练

仪表元件按照品牌、类型、功能、参数分别进行编号，根据题目的要求将对应的编号输入系统。

2. 量器具使用训练

考察对 HART 手操器的使用情况。HART 通信采用的是半双工的通信方式，其特点是在现有模拟信号传输线上实现数字信号通信，属于模拟系统向数字系统转变的过渡性产品，是工业仪表的必备测量仪器。监控答题系统和过控对象模拟装置后台可以实时读取液位变送器数据，当进入这道题目后，若水位浅，则系统会自动加水。在加水过程中操作界面无法控制阀门等元件，加水完毕后恢复正常。

HART 手操器连接过程：将测量数据线插入手操器中，将红黑夹线接到接地盒的红黑端子上，按下开机键开机，设备将自动查询支持 HART 协议的设备，找到通用菜单，然后查询当前变量，完成 HART 手操器连接。

3. 客观分析训练

客观题主要针对仪表基础知识的考察，包括设备选型、接线、设备安装、数据分析、设备日常点检等，题型为选择题和判断题。

4. 排故操作训练

按照题目要求去点检元件，如打开某个阀门、打开变频器等。观察操作是否正常，若不能正常打开或者写入数据，则使用万用表排故，找到故障点后将故障线号填入答题系统中。排故过程中可以断开总电源，断开电源不影响故障点的使用，故障点清单见表 2-9-3 所列。

表 2-9-3 故障点清单

序号	故障内容	备注	线号
1	1#水泵不启动	下层 O1	DO009
2	2#水泵不启动	下层 O2	DO010
3	电加热器不工作	下层 O3	L2-015
4	变频器不启动	下层 O4	24 V018
5	变频器不能调速	下层 O5	U+001
6	电动调节阀不能设置阀位	下层 O6	2.16
7	电动调节阀当前位置信号缺失	下层 O7	2.13
8	1#电动阀不能打开	下层 O8	DO001
9	2#电动阀不能打开	下层 O9	DO002
10	3#电磁阀不能打开	下层 O10	DO005
11	4#电磁阀不能打开	下层 O11	DO006
12	5#电磁阀不能打开	下层 O12	DO007
13	6#电磁阀不能打开	下层 O13	DO008
14	压力变送器信号丢失	下层 O14	2.1
15	1#流量变送器信号丢失	下层 O15	2.4
16	2#流量变送器信号丢失	下层 O16	L2-015
17	1#液位变送器信号丢失	下层 O17	2.9
18	2#液位变送器信号丢失	下层 O18	2.11
19	温度变送器信号丢失	下层 O19	2.8
20	1#安全栅输出信号丢失	下层 O20	L1-014
21	2#安全栅输出信号丢失	下层 O21	N005
22	4#安全栅输出信号丢失	下层 O22	L1-014
23	5#安全栅输出信号丢失	下层 O23	L1-014
24	7#安全栅输出信号丢失	下层 O24	L1-014
25	数字显示仪表供电故障	上层 O1	L1-014
26	声光报警仪供电故障	上层 O2	N005
27	声光报警仪第 1 路输入信号丢失	上层 O3	T02
28	声光报警仪第 2 路输入信号丢失	上层 O4	T04
29	声光报警仪第 3 路输入信号丢失	上层 O5	T06
30	流量积算仪供电故障	上层 O6	L1-014
31	无纸记录仪供电故障	上层 O7	N005
32	通信故障	上层 O8	P05
33	风扇运行故障	上层 O9	L1-014

模拟装置区域由储水箱、冷水箱和加热水箱等元件组成。由储水箱引出两条管道分别经过三相水泵(三相水泵一用一备)到达压缩变送器,然后经过压缩变送器、比例调节阀、

流量变送器 1 再分出两路管道分别到冷水箱和加热水箱，经过处理调节后又回到储水箱。冷水箱附属的检测元件有浮球液位开关、带 HART 的液位变送器，加热水箱附属的检测元件有浮球液位开关、液位变送器、温度变送器及加热管等。过程控制模拟工艺流程如图 2-9-1 所示，过程控制模拟工艺装置配置如图 2-9-2 所示，自动控制界面如图 2-9-3 所示，仪表通信界面如图 2-9-4 所示。

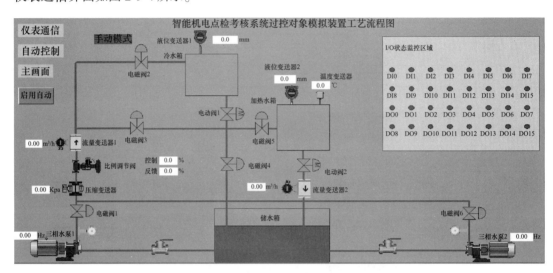

图 2-9-1 过程控制模拟工艺流程

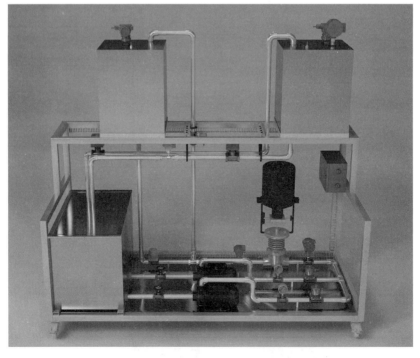

图 2-9-2 过程控制模拟工艺装置配置

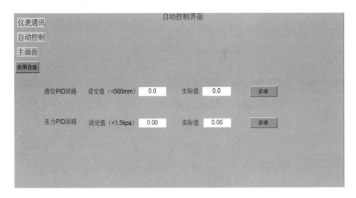

图 2-9-3 自动控制界面

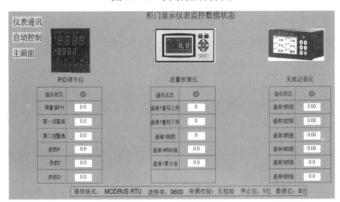

图 2-9-4 仪表通信界面

五、数据记录与处理

对照仪表单元点检项目完成点检，并做好记录。仪表单元点检计划见表 2-9-4 所列，仪表单元操作现场评分记录见表 2-9-5 所列。

表 2-9-4 仪表单元点检计划

序号	点检部位	点检项目	点检要求及标准	点检方法	备注
1	控制柜	机柜	机柜门完好、开启顺畅、关闭严密、无灰尘积累	目视、感官	
2		机柜风扇	风扇运行正常、无灰尘积累	目视、感官	
3		机柜接地	接地线接地良好	目视	
4		线槽	导线无裸露，线槽板齐全完好	目视	
5		柜内气味	无异味	鼻闻	
6		PLC 硬件	各模块状态灯显示正常、无报警、无发热、无灰尘积累	目视、感官	
7		通信线连接	连接良好	目视	
8		监控画面	监控画面数据通信正常，仪表数值无断线，数值在正常范围内且正常刷新，各状态指示正确；无异常报警信息和记录	目视	

（续表）

序号	点检部位	点检项目	点检要求及标准	点检方法	备注
9	控制柜	数字显示仪表	数值显示正常，与监控界面显示数值相同	目视	
10		声光报警仪	按测试键，各路声光报警正常	目视、鼻闻	
11		流量积算仪	瞬时流量和累积流量数值显示正常，面板各按键操作正常	目视、检测	
12		无纸记录仪	数值显示正常，曲线显示正常，面板各按键操作正常	目视、检测	
13		智能 PID 调节仪	数值显示正常，控制输出正常，面板各按键操作正常	目视、检测	
14		安全栅	供电正常，输入信号和输出信号正常	检测	多路
15		变频器	变频器供电正常，接线无松动，显示信息正常，参数设置正常	目视、检测	
16		继电器、接触器	吸合无异响，接线无松动；主触点无异常烧蚀迹象，动作无卡阻	目视、鼻闻	多个元件
17		热继电器	热继电器整定电流设置正确，接线无松动	目视、检测	多个元件
18	现场仪表	指针式压力表	外观完好，指针稳固，表盘清晰，指示正常，无泄漏、无锈蚀现象	目视、鼻闻	
19		压力变送器	外观完好，接线盒无渗水，接线牢固，表头显示与监控画面一致	目视、检测	
20		涡轮流量计	外观完好，接线盒无渗水，接线牢固，表头显示与监控画面一致	目视、检测	2 路
21		液位变送器	外观完好，接线盒无渗水，接线牢固，表头显示与监控画面一致	目视、检测	2 路
22		温度变送器	外观完好，接线盒无渗水，接线牢固，表头显示与监控画面一致	目视、检测	
23		PT100 热电阻	接线无松动、无锈蚀现象，电阻信号正常	目视、检测	
24	现场设备	管路	外观完好，无泄漏、无锈蚀现象	目视	
25		截止阀	外观完好，无泄漏、无锈蚀现象；阀门打开及关闭正常	目视、检测	2 个
26		三相水泵	外观完好，无泄漏、无锈蚀现象；运行正常，不发热；接线无松动	目视、检测	2 个
27		电加热器	外观完好，无泄漏、无锈蚀现象；加热正常；接线无松动	目视、检测	
28		电动调节阀	阀体、执行机构外观完好，无泄漏、无锈蚀现象；阀位开度与实际位置一致；机械结构无卡顿及松动；接线无松动	目视、检测	

（续表）

序号	点检部位	点检项目	点检要求及标准	点检方法	备注
29	现场设备	电动阀	阀体、执行机构外观完好，无泄漏、无锈蚀现象；限位准确；机械结构无卡顿及松动，接线无松动	目视、检测	2个
30		电磁阀	阀体外观完好，无泄漏、无锈蚀现象，阀门打开及关闭正常；接线无松动	目视、检测	5个

表 2-9-5 仪表单元点检操作现场评分记录

序号	扣分项	扣分	现场记录	扣分
1	未正确穿戴好防护劳保护品，严重者取消本项训练资格	扣10分		
2	违反训练秩序，提前进行操作或操作时间到仍继续操作	扣5分		
3	操作训练过程中，不经过测量、检测，直接输入答案	扣20分		
4	违反操作规程和因操作不当造成设备损坏或影响其他人员操作的	扣20分		
5	非故意操作不当可能导致安全事故的	扣20分		
6	浪费材料、工具遗忘在现场等不符合职业规范的行为	扣5分		
7	静态点检时，未在设备操作开关部位悬挂点检牌	扣5分		
8	损坏现场提供的工具、装备，污染现场环境等不符合职业规范的行为	扣10分		
合计				

六、安全操作规范

（1）点检前必须按标准穿戴好防护劳保护品，设备检修人员必须经过安全及设备使用培训后才能上岗，特殊工种必须持证上岗。

（2）日常点检必须严格执行点检标准，严禁在各传动设备上行走和跨越。

（3）静态点检前，要与监护人员打招呼，并在设备操作开关部位悬挂点检牌，同时要确认操作手柄归零位，才能点检。

（4）动态点检前，必须将点检牌交还监护人员，并确认好安全注意事项，保证安全，才能动态点检。

（5）如需使用铁锤，要先检查锤头、锤柄是否牢固。不准戴手套打锤，且打锤时周围不得站人。

（6）点检作业结束后，必须做到"工完料净场地清"，工具和机械设备必须移到指定的区域摆放整齐。

七、安全注意事项

为了防止触电事故的发生，实训中必须严格遵守设备安全用电制度和操作规程：

（1）操作前必须了解实训室内的电源布置及电压等级，了解所用仪表、设备和工具的规范化使用方法。

（2）操作前认真检查电源、线路、设备是否正常，消除一切事故隐患，防止事故的发生。

（3）不得单独进行装置的操作，应在专业人员监护下进行操作。

（4）操作前应穿戴好劳保护品，一定要穿绝缘鞋。

（5）操作中要与设备保持足够的安全距离。

（6）操作时，每次通电都必须告知监护人员。

（7）操作中不得用手触及电路中裸露的导电体及导线。

（8）操作仪表或开关等，都要用右手单手进行。

（9）故障检测或排除时，要断开电源柜电源开关，禁止带电使用短路法、开路法检测故障，不得拆卸器件及线路。

（10）应该具有完善的触电急救应急预案。发生触电情况，立即断开电源开关，对触电者采取急救措施，并请医生前来或送医院救治。

实训十 冶金机电设备点检——电气单元点检操作训练

一、实训目的

• 依托 1+X 冶金机电设备点检证书考试系统，模拟冶金生产企业现场实际业务管理要求，了解设备点检的意义，熟悉设备点检的流程及基本操作，完成设备点检深化设计作业，并对企业生产过程、生产现场设备的运行监督和管理有基本认识。

二、实训原理

以冶金机电设备为载体，依托虚拟现实、多媒体、人机交互、数据库和网络通信等技术，构建虚实结合的实训环境，将量器具使用、设备认知、机械装调、机电仪排故融于一体，在虚拟环境中进行电气识别、测量、排故训练，能完整的、按技术操作规程进行操作。

系统自动设置机械故障、电仪故障，自动检测分析排故结果，无须人为干预。

三、实训设备

1+X 冶金机电设备点检证书培训考试系统。电源控制柜元器件清单见表 2-10-1 所列，电源控制柜主回路原理如图 2-10-1 所示。

表 2-10-1 电源控制柜元器件清单

序号	标号	名称	型号规格	数量	备注
1	QF01	塑壳断路器	CDM1-100 MN	1	
2	QF02，QF03，QF04，QF05，QF06，QF07	微型断路器	DZ47-2 P	6	
3	F01	欠压断相相序控制器	NJYB1	1	
4	F02	总过流继电器	JL15-40/01	1	
5	KM	交流接触器	CJX2 F-150	1	
6	KM01，KM02	交流接触器	CJX2-0910	2	
7	TC	控制变压器	BK14500 VA	1	
8	PLC	可编程控制器	S7-300 含电源模块、CPU6ES7/储存卡 64 kB、数字量输入模块×3、数字量输出模块×2	1	

（续表）

序号	标号	名称	型号规格	数量	备注
9	KA10~KA15，KA20~KA25，KA30~KA35，KA40~KA45	中间断路器	MY4NJ-AC220 V	24	
10	主钩，副钩，大车，小车	联动台	QT5-400/LX167	1	
11	TC1	控制变压器	BK1500 VA	1	
12	TC2	控制变压器	BK200 VA	1	
13	SQ01，SQ02	行程开关	LX19-001	1	
14	SB01	急停按钮	XB2-BS542	1	
15	HL01，HL02	指示灯	XB2-BVM3 LC	1	
16	SB01，SB02	按钮	XB2-BA31 C	1	
17	SA01	钥匙开关	XB2-BG21 C	1	
18	PAV	电压电流表	LS42-3 U31	1	

四、实训内容

冶金机电设备电气单元点检主要包括认知识别与测量、智能制动器机电过程控制考核和电气过程控制考核三部分实训内容。

1. 认知识别与测量训练

认知识别与测量训练包含认知识别和量器具使用两部分考核。

柜体正面上半部分为元器件识别区域，包含空气开关、交流接触器、中间继电器、接触器式继电器、挡选择开关、按钮、按钮开关、指示灯、急停按钮、蜂鸣器等电气元件。

柜体正面下半部分为电参数值测量区域，其主要作用是对直流电压、电流，交流电压、电流，电阻和接地电阻值进行测量。

电气元件按照品牌、类型、功能、参数分别进行编号，考生根据题目的要求将对应的编号输入系统。部分较难展现的电气设备，包含大型电源、用电等设备，使用3D虚拟或图片的表现形式展现。

客观题主要是针对电气基础知识的考察，包括用电安全类、操作规范类、设备管理基础类、供配电系统类、专业知识类，题目以图片、动画、视频等多种形式展示，题型为选择题、判断题、连线题、三维交互题等。

2. 智能制动器机电过程控制考核训练

智能制动器机电过程控制考核系统是一种能自动设置制动器初始异常状态，并根据惯性负载的特性完成电动先进过程控制（Advanced Process Control，APC）考核的机电一体化考核系统。该系统分为机械调整和电气设计两部分考核，主要由惯性负载模拟装置、电气控制柜和含有编程软件的电脑组成，其中惯性负载模拟装置包括蜗轮蜗杆减速机、鼠笼式电机、抱闸制动器和增量值编码器。

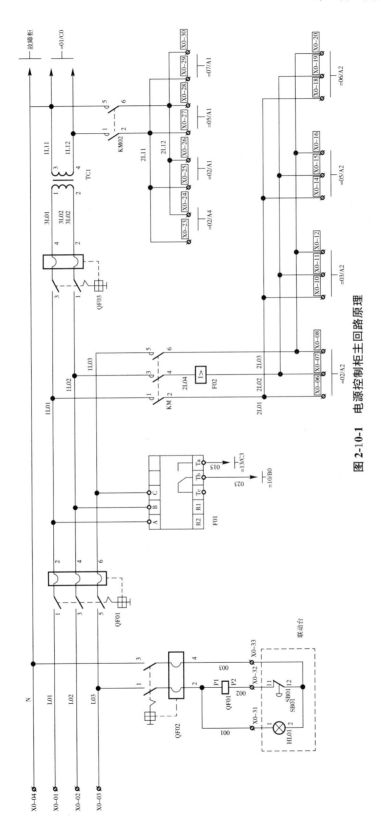

图 2-10-1 电源控制柜主回路原理

3. 电气过程控制考核训练

电气过程控制考核训练包含行车、配电柜、电气线路设计三部分考核。

行车由电源控制柜、主起升柜、副起升柜、平移柜、测量柜、操作机构、模拟运行机构及计算机软件组成，包含鼠笼式电机、绕线式电机、抱闸制动器等执行设备。

配电柜包含了塑壳断路器、空气开关、过流保护装置、交流接触器、中间继电器、PLC（S7-300）、变频器、限位等电气设备，其实际应用了可编程控制器（Programmable Logic Controller，PLC）控制、接触器逻辑控制、变频调速、定子调压调速等技术。

电气线路设计包含了继电接触逻辑控制、可编程控制器、触摸屏、变频调速、定子调压调速等技术，考核学员对电气系统的施工设计、工艺安装、接线调试、程序设计、运行维护、故障维修等综合能力。

五、实训内容

1. 设备状态检查

由操作者通过目测观察各控制器状态指示灯，操控操作台进行试车，检查大车左右移动、小车前进后退、主钩升降、副钩升降运行是否正常，使用热成像仪检测各用电设备温度状况。

操作者将设备上电后，使用热成像仪与目视检测当前的设备状态为电源柜内无照明、电源柜内 KM 接触器触点系统和导线连接有过热现象、QF21 断路器触点系统和导线连接处超过 75 ℃、副起升控制柜内无照明。

操作者在触摸屏上将检查结果填入设备点检表，选择异常或正常，提交确认，设备故障状态恢复为正常状态，提交确认后点检表不可更改。

2. 电路排故

（1）设备状态检查考核完成后，系统自动为设备断电，操作者对设备二次上电，当前考核的是控制电源接触器（KM02）不工作，试车发现主接触器无吸合。

（2）使用万用表，根据电源控制柜、平移控制柜、主起升控制柜、副起升控制柜的电路图测量电路、排查电路故障，查找电源失效原因。

（3）目前题目控制电源接触器（KM02）不工作，对应的解决代码线号为011，在触摸屏输入对应的解决代码。输入后，再次运行操控台进行试车，检查故障是否解除。若已解除，对各运行机构试车，继续进行机构故障题目，机构故障题目考试流程与上面相同。

若输入的故障代码未解除，可继续排查、输入故障代码。每道题目有三次输入故障代码的机会，三次机会使用完毕，将自动跳过该题目或者提交本次考核，其中检测次数不限。

六、数据记录与处理

对照电气单元点检项目完成点检，并做好记录。电气单元点检操作现场评分记录见

表 2-10-2 所列。

表 2-10-2 电气单元点检操作现场评分记录

序号	扣分项	扣分	现场记录	扣分
1	未正确穿戴好防护劳保护品，严重者取消本项训练资格	扣 10 分		
2	违反训练秩序，提前进行操作或操作时间到仍继续操作	扣 5 分		
3	操作训练过程中，不经过测量、检测，直接输入答案	扣 20 分		
4	违反操作规程和因操作不当造成设备损坏或影响其他人员操作的	扣 20 分		
5	非故意操作不当可能导致安全事故的	扣 20 分		
6	浪费材料、工具遗忘在现场等不符合职业规范的行为	扣 5 分		
7	静态点检时，未在设备操作开关部位悬挂点检牌	扣 5 分		
8	损坏现场提供的工具、装备，污染现场环境等不符合职业规范的行为	扣 10 分		
合计				

七、安全注意事项

为了防止触电事故的发生，实训中必须严格遵守设备安全用电制度和操作规程。

(1)操作前必须了解实训室内的电源布置及电压等级，了解所用仪表、设备和工具的规范化使用方法。

(2)操作前认真检查电源、线路、设备是否正常，消除一切事故隐患，防止事故的发生。

(3)不得单独进行装置的操作，应在专业人员监护下进行操作。

(4)操作前应穿戴好劳保护品，一定要穿绝缘鞋。

(5)操作中要与设备保持足够的安全距离。

(6)操作时，每次通电都必须告知监护人员。

(7)操作中不得用手触及电路中裸露的导电体及导线。

(8)操作仪表或开关等，都要用右手单手进行。

(9)故障检测或排除时，要断开电源柜电源开关，禁止带电使用短路法、开路法检测故障，不得拆卸器件及线路。

(10)应该具有完善的触电急救应急预案。发生触电情况，应立即断开电源开关，对触电者采取急救措施，并请医生前来或送医院救治触电者。

♨ 名称释义

1. 制动距离

制动距离是指系统设置制动器初始异常状态，满足电机运行的要求后，系统记录抱闸制动器闭合到电机不动作为止的距离。

2. 电动 APC 考核

APC 是基于 PLC 的快速位置随动系统。该系统是以西门子 S7-1200 PLC 为控制中心，通过采集增量值编码器的高速计数信号和西门子 G120 变频器形成闭环控制，从而实现交流电机速度达到位置的同步控制。

3. 稳态误差

稳态误差是指大车位置在稳定的状态下，期望的大车行走位置与实际的大车行走位置的差值。

4. 超调

超调是指大车从起始位起，接近目标时超过了目标位置，$t_1 \sim t_2$ 为一次超调；$t_2 \sim t_3$ 也作为一次超调。超调示意如图 2-10-2 所示。

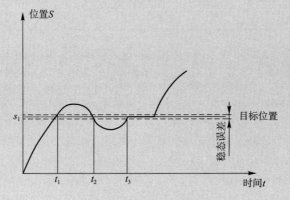

图 2-10-2　超调示意

实训十一　离心风机的拆装

一、实训目的

- 通过拆装熟悉离心风机的结构。
- 掌握离心风机的工作原理。
- 掌握离心风机常见故障。

二、实训原理

离心风机是依靠输入的机械能提高气体压力并排送气体的机械，其由机壳、主轴、叶轮、轴承传动机构及电机等组成。离心风机的工作原理是将动能转换为势能，利用高速旋转的叶轮将气体加速，然后减速、改变流向，使动能转换成势能(压力)。

在单级离心风机中，气体从轴向进入叶轮，气体流经叶轮时改变成径向，然后进入扩压器。在扩压器中，气体改变了流动方向，并且管道断面面积增大使气流减速，这种减速作用将动能转换成压力能。压力增加的过程主要发生在叶轮中，其次发生在扩压器中。在多级离心风机中，用回流器使气流进入下一叶轮，产生更高的压力。

三、实训设备

离心式鼓风机、活口扳手、小扳手、螺丝刀、钢卷尺。

四、实训步骤

(1)注意拆卸前的检查，观察离心风机的铭牌、外观，了解其性能参数和整体结构。

(2)利用工具拆解离心风机，拆卸电机与支架、电机与叶轮、密封板与泵壳间的螺丝，观察其内部结构。拆卸时，应注意各部件的结构与连接方式，测量各关键部位尺寸大小。离心风机结构如图 2-11-1 所示。

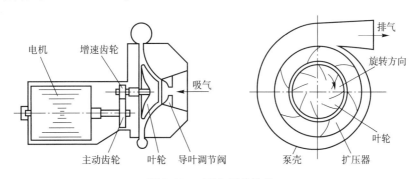

图 2-11-1　离心风机结构

（3）利用工具安装复原离心风机。

（4）根据观察结果，画出离心风机结构示意图。

五、结果讨论与思考

1. 离心风机各部件的作用

离心风机零件很多，其中可以转动的零件统称为转子，不能转动的零件称为静子。

（1）转子。转子是离心风机的主要部件。它由主轴、叶轮和平衡盘等组成。

主轴上安装所有的旋转零件，其作用就是支持旋转零件和传递转矩。主轴的轴线也就是确定各零件旋转的几何轴线。

叶轮也称为工作轮，是提高气体能量的唯一装置。叶轮按照结构形式可以分为开式、半开式和闭式三种，在大多数情况下会采用半开式和闭式。叶轮按照弯曲形式可分为前弯式、后弯式和径向式三种。前弯式叶轮因效率低，在鼓风机中不采用，仅在通风机中采用；工业压缩机和鼓风机普遍采用后弯式，后弯式叶轮又可分为一般弯曲式和强后弯式两种。

（2）静子。静子中所有零件均不能转动。它是由机壳、扩压器、蜗壳和密封等组成。

机壳也称为气缸，通常是用铁或钢浇铸出来的。对于高压离心式压缩机，都采用圆筒形锻钢制作机壳，以承受高压。吸气室是机壳的一部分，它的作用是把气体均匀的引入叶轮。吸气室内常浇铸有分流肋。分流肋能使气流更加均匀，并能起到增加机壳刚性的作用。

扩压器是叶轮两侧用隔板形成的环形通道，其主要作用是增压减速。

蜗壳的主要目的是把扩压器后面或者叶轮后面的气体汇集起来，并引到压缩机外面去，使气体流向气体输送管道或流到冷却器，从而被冷却。此外，在大多数情况下，随蜗壳外径的逐渐增大，其通流截面也渐渐扩大，从而对气流起到一定的降速扩压作用。

密封有隔板密封、轮盖密封和轴端密封，其作用是防止气体在级间倒流和向外泄漏。

2. 离心风机的常见故障

（1）离心风机叶片被腐蚀或磨损严重。

（2）离心风机叶片总装后不运转，叶轮和主轴本身重量使轴弯曲。

（3）叶轮表面有不均匀的附着物，如铁锈、积灰或沥青等。

（4）运输、安装或其他原因造成叶轮变形，使叶轮失去平衡。

（5）叶轮上的平衡块脱落或检修后未找平衡。

实训十二 列管式换热器及流体输送工艺管路拆装

一、实训目的

- 理解和掌握列管式换热器、流体输送工艺管路的相关原理和流程。
- 掌握列管式换热器、离心泵、阀门、仪表等的操作及管路拆装的规范操作。
- 熟练完成列管式换热器及流体输送工艺管路的拆装操作,独立处理流体输送工艺管路拆装操作中出现的各种问题,解决操作中的工艺难题,在工艺革新和技术改革方面具备一定的资源分配能力。

二、实训内容

1. 列管式换热器的拆装

列管式换热器(见图 2-12-1)是目前应用最广泛的一种换热器,其结构简单、坚固,制造容易,材料范围广泛,处理能力强,适应性强。但在传热效率、设备的紧凑性、单位传热面积的金属消耗量方面,还稍次于板式换热器。

图 2-12-1 列管式换热器

列管式换热器主要由外壳、管板(又称为花板)、管束(见图 2-12-2)、顶盖(又称为封头)等部件构成。在圆形外壳内装入平行管束,管束两端固定在管板上。管束在管板上的固定方法一般采用焊接法或胀管法。装有进口或出口管的顶盖用螺钉与外壳两端的法兰相连,顶盖与管板之间构成流体的分配室。

图 2-12-2 列管式换热器的管束

进行热交换时，冷却水由顶盖的连接管进入，在管内流动，这条路径称为管程；蒸气在管束与壳体之间的空隙内流动，这条路径称为壳程；管束的表面积就是传热面积。

2. 流体输送工艺管路拆装及调试

流体输送工艺管路拆装实训装置示意如图 2-12-3 所示。

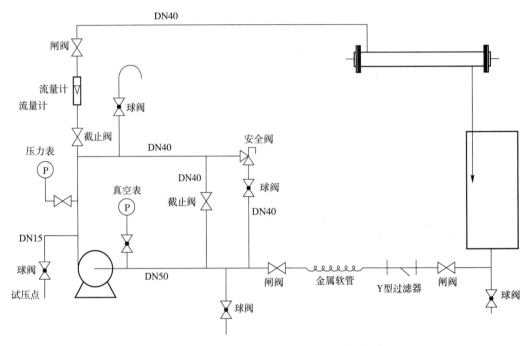

图 2-12-3　流体输送工艺管路拆装实训装置示意

三、实训设备

列管式换热器、流体输送工艺管路实训装置。流体输送工艺管路拆装实训装置如图 2-12-4 所示。

图 2-12-4　流体输送工艺管路拆装实训装置

四、实训步骤

（1）识读、绘制流体输送工艺管路装置图、列管式换热器配置图。

（2）根据提供的流体输送工艺管路示意图，准确填写含有拆装管线所需管道、管件、阀门的规格型号和数量等的材料清单。

（3）按照材料清单正确领取所需材料，准确列出组装管路所需的工具和易耗品等，正确领取工具和易耗品等。

（4）分别完成列管式换热器、流体输送工艺管路拆卸，有序摆放并认真检查，做好记录。

（5）完成流体输送工艺管路中流体流动出现异常现象的排除操作（如管路堵塞、流量增大或减小、离心泵停止工作、离心泵发生汽蚀、管路漏水等故障）。

（6）完成异常现象的处理及管路组装操作。

（7）严格按照列管式换热器、流体输送工艺管路拆装安全规范进行操作，操作结束所有工具整理清点归还。

（8）清洁拆装现场卫生。

五、数据记录与处理

分别记录拆装部件及检查结果，填入表 2-12-1、表 2-12-2 中。

表 2-12-1　列管式换热器拆装与检查记录

序号	拆装件	数量	备注
1			
2			
3			
4			
5			
6			

表 2-12-2　流体输送工艺管路拆装与检查记录

序号	拆装件	数量	备注
1			
2			
3			
4			
5			
6			
7			
8			

六、结果讨论与思考

(1)列管式换热器的工作原理是什么？

(2)流体输送工艺管路有哪些常见故障？如何识别？如何处理？

七、实训注意事项

1. 管路拆卸

管路拆卸一般是从上到下，先仪表后阀门，拆卸过程中不得损坏管件和仪表。拆下的管道、管件、阀门和仪表要归类放好。

2. 管路组装

(1)对照流体输送工艺管路示意图进行管路安装要保证横平竖直，水平偏差不大于15 mm/10 m，垂直偏差不大于10 mm/10 m。

(2)法兰与螺纹接合时，每对法兰的平行度、同心度要符合要求；螺纹接合时，生料带缠绕方向要正确、厚度要合适；螺纹与管件咬合时，要对准、对正，拧紧用力要适中。

(3)阀门安装前要将内部清理干净，要关闭好再进行安装，有方向性的阀门要与介质流向吻合，安装好的阀门手轮位置要便于操作。

(4)流量计、压力表和过滤器的安装要按照具体安装要求进行，要注意流向，有刻度的位置要便于读数。

实训十三 电机点动 PLC 控制项目设计

一、实训目的

- 了解电机点动控制的原理。
- 熟悉电机点动 PLC 控制项目设计的方法。
- 掌握电机点动控制程序编写、运行和调试的方法。

二、实训原理

1. 点动电路的功能

点动电路可以控制电机在很短的时间内工作。

2. 电机点动控制的原理

电机点动控制的原理如图 2-13-1 所示，电机点动控制过程如下：

(1) 先闭合开关 Q，接通电源；

(2) 按下按钮 SB_1 开关→KM 线圈得电→KM 主触头闭合→M 运转；

(3) 松开按钮 SB_1 开关→KM 线圈失电→KM 主触头恢复→M 停转。

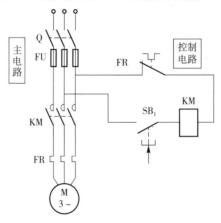

图 2-13-1 电机点动控制的原理

三、实训设备

PLC、个人电脑、电机控制模块和导线等。

四、实训步骤

(1) 输入/输出(I/O)模块分配。实训十三 I/O 分配(见表 2-13-1)地址不是固定的，可以根据编程者需要自行分配地址。

表 2-13-1　实训十三 I/O 分配

输入		输出	
设备	分配地址	设备	分配地址
按钮 SB	I0.0	KM	Q0.0

（2）PLC 接线。根据 I/O 分配地址进行 PLC 和设备的连线。如果输入、输出的初始地址修改为"0"，那么输入模块第一个端口的地址为 I0.0，输出模块第一个端口的地址为 Q0.0。实训十三 PLC 接线如图 2-13-2 所示。

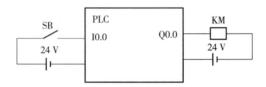

图 2-13-2　实训十三 PLC 接线

（3）S7 程序编写。实训十三 S7 程序梯形如图 2-13-3 所示。

图 2-13-3　实训十三 S7 程序梯形

（4）硬件组态保存下载，程序保存下载。

五、数据记录与处理

观察记录是否有以下操作结果：

（1）按下按钮 SB 开关→KM 线圈得电→KM 主触头闭合→M 运转；

（2）松开按钮 SB 开关→KM 线圈失电→KM 主触头恢复→M 停转。

六、安全操作规范

（1）要培养和树立安全第一的思想，严格遵守安全操作规程。操作前必须按标准穿戴好防护劳保护品。

（2）实训前认真检查电源、线路、设备是否正常，防止事故的发生。

（3）仔细检查设备是否有漏电，消除一切事故隐患。

（4）实训时，确认一切正常后，方可由教师合闸送电，不允许随意动用实训用品及合闸送电。

（5）实训中出现异常现象，应立即断电，排除故障后方可继续实训。

（6）不允许随便触摸 PLC 模板，不允许带电拉、插模件；PLC 出现死机，未明确原因时，切勿盲目重新启动；严禁随意修改各种地址、跳线、屏蔽信号、取消联锁等；遵守先检查外围，再检查 PLC 的原则，确认外围完好后，方对 PLC 进行检查；PLC 的维修应由专门人员执行。

（7）监护人员有责任禁止一切违反安全操作规程的实训，并纠正违反安全操作规程的现象。

（8）操作结束后，必须做好"工完料净场地清"，工具和机械设备必须移到指定的区域摆放整齐。

实训十四　电机连动 PLC 控制项目设计

一、实训目的

- 了解电机启、停控制的意义，熟悉电机连动控制的原理。
- 掌握电机连动控制 PLC 项目设计的方法。
- 掌握电机连动控制程序编写、运行和调试的方法。

二、实训原理

1. 连动电路的功能

连动电路可以控制电机长时间连续工作。

2. 电机连动控制的原理

电机连动控制的原理如图 2-14-1 所示，电机连动控制过程如下：

（1）先闭合开关 Q，接通电源；

（2）按下开始按钮 SB_1 开关→KM 线圈得电→KM 主触头闭合→M 运转；

（3）松开开始按钮 SB_1 开关→KM 辅助触头闭合→自锁→M 持续运转；

（4）按下停止按钮 SB_2 开关→KM 线圈失电→KM 主触头恢复→M 停转→KM 辅助触头恢复→失去自锁。

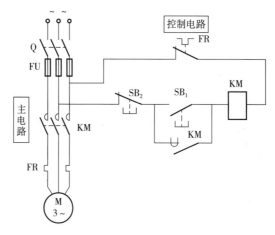

图 2-14-1　电机连动控制的原理

三、实训设备

PLC、个人电脑、电机控制模块和导线等。

四、实训步骤

（1）输入/输出（I/O）模块分配。实训十四 I/O 分配（见表 2-14-1）地址不是固定的，可以根据编程者需要自行分配地址。

表 2-14-1　实训十四 I/O 分配

输入		输出	
设备	分配地址	设备	分配地址
开始按钮 SB$_1$	I0.0	线圈 KM	Q0.0
停止按钮 SB$_2$	I0.1		

（2）PLC 接线。根据 I/O 分配地址进行 PLC 和设备的连线。如果输入、输出的初始地址修改为"0"，那么输入模块第一个端口的地址为 I0.0，输出模块第一个端口的地址为 Q0.0。实训十四 PLC 接线如图 2-14-2 所示。

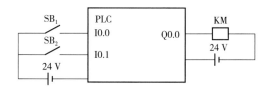

图 2-14-2　实训十四 PLC 接线

（3）S7 程序编写。实训十四 S7 程序梯形如图 2-14-3 所示。

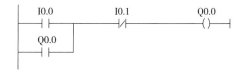

图 2-14-3　实训十四 S7 程序梯形

①当 I0.0 连接的开始按钮 SB$_1$ 开关按下，I0.0 状态为"1"，常开触点闭合，有电流通过，Q0.0 连接的 KM 通电，Q0.0 的常开触点状态变成"1"，常开触点闭合。

②当 I0.0 连接的开始按钮 SB$_1$ 开关松开，I0.0 状态为"0"，常开触点断开，但因为 Q0.0 的常开触点闭合，仍然有电流通过，Q0.0 连接的 KM 持续通电。

程序自锁：程序中并联一个输出的常开触点，实现程序的自锁。

（4）硬件组态保存下载，程序保存下载。

五、数据记录与处理

观察记录是否有以下操作结果：

（1）按下开始按钮 SB$_1$ 开关→KM 线圈得电→KM 主触头闭合→M 运转；

（2）松开开始按钮 SB$_1$ 开关→KM 辅助触头闭合→自锁→M 持续运转；

（3）按下停止按钮 SB$_2$ 开关→KM 线圈失电→KM 主触头恢复→M 停转。

六、安全操作规范

（1）要培养和树立安全第一的思想，严格遵守安全操作规程。操作前必须按标准穿戴好防护劳保护品。

（2）实训前认真检查电源、线路、设备是否正常，防止事故的发生。

（3）仔细检查设备是否有漏电，消除一切事故隐患。

（4）实训时，确认一切正常后，方可由教师合闸送电，不允许随意动用实训用品及合闸送电。

（5）实训中出现异常现象，应立即断电，排除故障后方可继续实训。

（6）不允许随便触摸 PLC 模板，不允许带电拉、插模件；PLC 出现死机，未明确原因时，切勿盲目重新启动；严禁随意修改各种地址、跳线、屏蔽信号、取消联锁等；遵守先检查外围，再检查 PLC 的原则，确认外围完好后，方可对 PLC 进行检查；PLC 的维修应由专门人员执行。

（7）监护人员有责任禁止一切违反安全操作规程的实训，并纠正违反安全操作规程的现象。

（8）操作结束后，必须做好"工完料净场地清"，工具和机械设备必须移到指定的区域摆放整齐。

实训十五 利用 MATLAB 仿真软件分析不同的控制方式下系统的动态响应

一、实训目的

- 了解 MATLAB 仿真软件界面。
- 熟悉 MATLAB 仿真软件的基本操作。
- 掌握利用 MATLAB 仿真软件分析不同的控制方式下系统的动态响应的方法。

二、实训原理

1. 系统校正

在原有的系统中有目的地增添一些装置和元件，人为地改变系统的结构和性能，使之满足所要求的性能指标的方法称为系统校正。增添的装置和元件称为校正装置和校正元件。

2. 控制系统动态响应

设某控制系统的传递函数 $G(s) = \dfrac{35}{(0.2s+1)(0.01s+1)(0.005s+1)}$，则该控制系统校正的控制如图 2-15-1 所示。

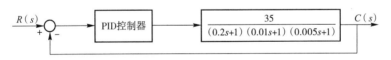

图 2-15-1 系统校正的控制

三、实训设备

个人电脑和 MATLAB 仿真软件等。

四、实训内容

利用 MATLAB 仿真软件中的 Simulink 辅助分析不同的控制方式下系统的动态响应。

(1)采用比例(P)控制(见图 2-15-2)。

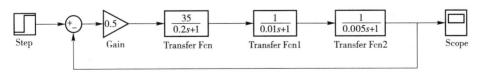

图 2-15-2 比例(P)控制

（2）采用比例积分（PI）控制（见图 2-15-3）。

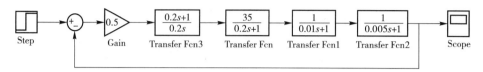

图 2-15-3　比例积分（PI）控制

（3）采用比例微分（PD）控制（见图 2-15-4）。

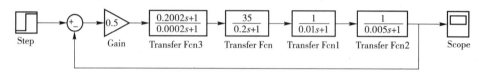

图 2-15-4　比例微分（PD）控制

（4）采用比例积分微分（PID）控制（见图 2-15-5）。

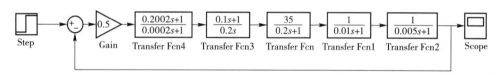

图 2-15-5　比例积分微分（PID）控制

五、数据记录与处理

未采用控制调节的输出结果如图 2-15-6 所示。采用不同的控制方式调节的输出结果如图 2-15-7 所示。

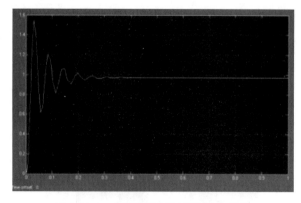

图 2-15-6　未采用控制调节的输出结果

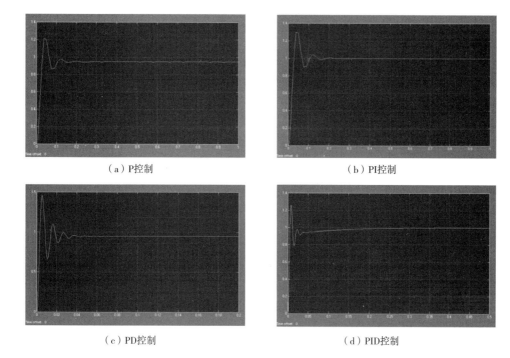

（a）P控制　　　　　　　　　　　　（b）PI控制

（c）PD控制　　　　　　　　　　　　（d）PID控制

图 2-15-7　采用不同的控制方式调节的输出结果

六、安全操作规范

（1）进入机房必须严格遵守相关各项安全操作规程。

（2）保持机房整洁、卫生，所有设备摆放整齐有序，不得将任何废弃物品留在机房内；不存放与工作无关的物品；机房内物品不允许私自带出。

（3）机房内设施由专门人员严格按照规定操作，严禁随意开关。

（4）严格加强机房安全管理，采取防火防盗、防潮防雷等措施。

（5）如机房发现意外和紧急情况，要及时报告监护人员。

实训十六　电机"正反停"PLC 控制项目设计

一、实训目的

- 了解电机"正反停"控制的意义。
- 熟悉电机"正反停"控制的原理。
- 掌握电机"正反停"控制 PLC 项目设计的方法。
- 掌握电机"正反停"控制程序编写、运行和调试的方法。

二、实训原理

利用复合按钮开关 SB_1、SB_2，可以实现正转、反转直接转换，不必再按按钮开关 SB_3。电机"正反停"控制的原理如图 2-16-1 所示，电机"正反停"控制过程如下：

（1）先闭合开关 Q，接通电源；

（2）按下正转按钮 SB_1 开关→KM_1 线圈得电→KM_1 主触头动作→M 正转；

（3）按下反转按钮 SB_2 开关→反转按钮 SB_2 常闭触点断开→KM_1 线圈断电→KM_1 主触头断开（电机停止正转）→KM_1 常闭触头闭合→KM_2 线圈得电→KM_2 主触头动作→M 反转；

（4）按下停止按钮 SB_3 开关→所有线圈失电→主触头恢复→M 停转。

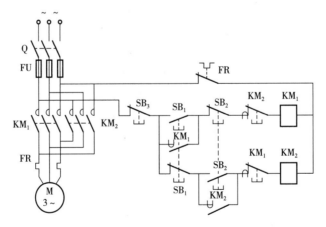

图 2-16-1　电机"正反停"控制的原理

KM_1、KM_2 常闭触头互锁：防止 KM_1、KM_2 同时得电造成电源短路。

三、实训设备

PLC、个人电脑、电机控制模块和导线等。

四、实训内容

（1）输入/输出（I/O）模块分配。实训十六 I/O 分配（见表 2-16-1）地址不是固定的，可以根据编程者自行分配地址。

表 2-16-1　实训十六 I/O 分配

输入		输出	
设备	分配地址	设备	分配地址
正转按钮 SB$_1$	I0.0	KM$_1$	Q0.0
反转按钮 SB$_2$	I0.1	KM$_2$	Q0.1
停止按钮 SB$_3$	I0.2		

（2）PLC 接线。根据 I/O 分配地址进行 PLC 和设备的连线。如果输入、输出的初始地址修改为"0"，那么输入模块第一个端口的地址为 I0.0，输出模块第一个端口的地址为 Q0.0。实训十六 PLC 接线如图 2-16-2 所示。

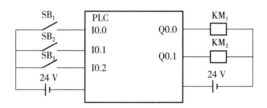

图 2-16-2　实训十六 PLC 接线

（3）S7 程序编写。实训十六 S7 程序梯形如图 2-16-3 所示。

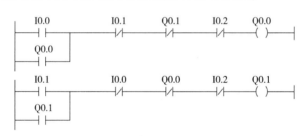

图 2-16-3　实训十六 S7 程序梯形

①当 I0.0 连接的正转按钮 SB$_1$ 开关按下，I0.0 状态为"1"，常开触点闭合，有电流通过，Q0.0 的状态为"1"，电机正转。

②当 I0.0 连接的正转按钮 SB$_1$ 开关松开，I0.0 状态为"0"，但因为 Q0.0 的常开触点闭合，仍然有电流通过，Q0.0 连接的 KM$_1$ 持续通电，电机持续正转。

③当 I0.1 连接的反转按钮 SB$_2$ 开关按下，I0.1 状态为"1"，I0.1 常开触点闭合，I0.1 常闭触点断开，Q0.0 状态为"0"，Q0.0 常闭触点闭合，有电流通过，Q0.1 的状态为"1"，电机反转。

④当 I0.1 连接的反转按钮 SB$_2$ 开关松开，I0.1 状态为"0"，但因为 Q0.1 的常开触点

闭合，仍然有电流通过，Q0.1 连接的 KM$_2$ 持续通电，电机持续反转。

⑤当 I0.2 连接的停止按钮 SB$_3$ 开关闭合，电机停止转动。

五、数据记录与处理

观察记录是否有以下操作结果：

(1)按下正转按钮 SB$_1$ 开关→KM$_1$ 线圈得电→KM$_1$ 主触头动作→M 正转；

(2)按下反转按钮 SB$_2$ 开关→KM$_2$ 线圈得电→KM$_2$ 主触头动作→M 反转；

(3)按下停止按钮 SB$_3$ 开关→所有线圈失电→主触头恢复→M 停转。

六、安全操作规范

(1)要培养和树立安全第一的思想，严格遵守安全操作规程。操作前必须按标准穿戴好防护劳保护品。

(2)实训前认真检查电源、线路、设备是否正常，防止事故的发生。

(3)仔细检查设备是否有漏电，消除一切事故隐患。

(4)实训时，确认一切正常后，方可由教师合闸送电，不允许随意动用实训用品及合闸送电。

(5)实训中出现异常现象，应立即断电，排除故障后方可继续实训。

(6)不允许随便触摸 PLC 模板，不允许带电拉、插模件；PLC 出现死机，未明确原因时，切勿盲目重新启动；严禁随意修改各种地址、跳线、屏蔽信号、取消联锁等；遵守先检查外围，再检查 PLC 的原则，确认外围完好后，方可对 PLC 进行检查；PLC 的维修应由专门人员执行。

(7)监护人员有责任禁止一切违反安全操作规程的实训，并纠正违反安全操作规程的现象。

(8)操作结束后，必须做好"工完料净场地清"，工具和机械设备必须移到指定的区域摆放整齐。

实训十七 水塔水位自动控制项目设计

一、实训目的

- 了解水塔水位控制的意义。
- 熟悉水塔水位控制的原理。
- 掌握利用跳变沿指令实现水塔水位控制设计的方法。
- 掌握水塔水位控制相关程序编写、运行和调试的方法。

二、实训原理

水塔水位控制的原理如图 2-17-1 所示。

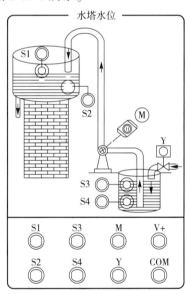

图 2-17-1 水塔水位控制的原理

图 2-17-1 中各限位开关定义如下：

S1 为水塔水位上部传感器（ON 为液面已到水塔上限位、OFF 为液面未到水塔上限位）；

S2 为水塔水位下部传感器（ON 为液面已到水塔下限位、OFF 为液面未到水塔下限位）；

S3 为水池水位上部传感器（ON 为液面已到水池上限位、OFF 为液面未到水池上限位）；

S4 为水池水位下部传感器（ON 为液面已到水池下限位、OFF 为液面未到水池下限位）。

水塔水位控制过程如下。

(1)当水位低于 S4 时，电磁阀 Y 开启，系统开始向水池中注水；当水位高于 S3 时，电磁阀 Y 关闭。

(2)当水塔中的水位低于 S2 时，水泵电机 M 开始运转，水泵开始由水池向水塔中抽水；当水塔中的水位高于 S1 时，水泵电机 M 停止运转。

(3)当水位同时低于 S4、S2 时，水泵电机 M 和电磁阀 Y 的指示灯闪亮，系统报警。

三、实训设备

PLC、个人电脑、水塔水位自动控制模块和导线等。

四、实训内容

(1)输入/输出(I/O)模块分配。实训十七 I/O 分配(见表 2-17-1)地址不是固定的，可以根据编程者需要自行分配地址。

表 2-17-1 实训十七 I/O 分配

输入		输出	
设备	分配地址	设备	分配地址
水塔 S1	I0.0	水泵电机 M	Q0.0
水塔 S2	I0.1	电磁阀 Y	Q0.1
水池 S3	I0.2		
水池 S4	I0.3		

(2)PLC 接线。根据 I/O 分配地址进行 PLC 和设备的连线。如果输入、输出的初始地址修改为"0"，那么输入模块第一个端口的地址为 I0.0，输出模块第一个端口的地址为 Q0.0。实训十七 PLC 接线如图 2-17-2 所示。

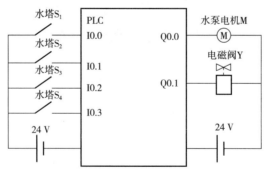

图 2-17-2 实训十七 PLC 接线

(3)S7 程序编写。

实训十七 S7 程序段 1 梯形如图 2-17-3 所示。

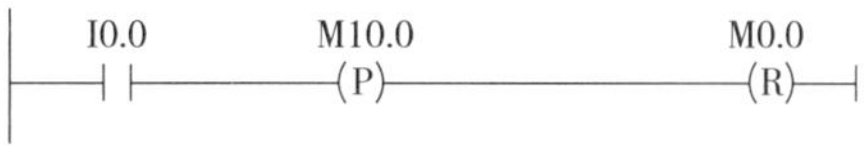

```
       I0.0         M10.0                    M0.0
   ────┤├──────────(P)────────────────────(R)───
```

图 2-17-3　实训十七 S7 程序段 1 梯形

实训十七 S7 程序段 2 梯形如图 2-17-4 所示。

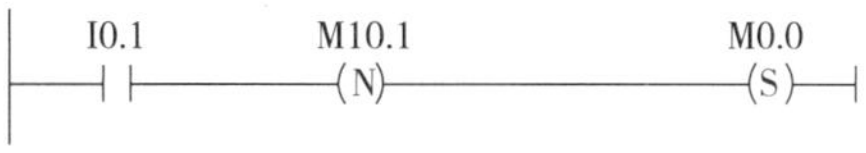

```
       I0.1         M10.1                    M0.0
   ────┤├──────────(N)────────────────────(S)───
```

图 2-17-4　实训十七 S7 程序段 2 梯形

实训十七 S7 程序段 3 梯形如图 2-17-5 所示。

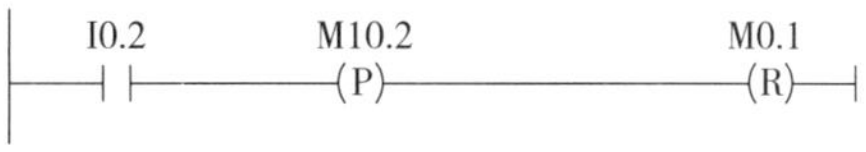

```
       I0.2         M10.2                    M0.1
   ────┤├──────────(P)────────────────────(R)───
```

图 2-17-5　实训十七 S7 程序段 3 梯形

实训十七 S7 程序段 4 梯形如图 2-17-6 所示。

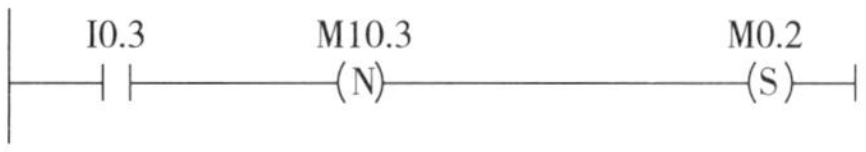

```
       I0.3         M10.3                    M0.2
   ────┤├──────────(N)────────────────────(S)───
```

图 2-17-6　实训十七 S7 程序段 4 梯形

实训十七 S7 程序段 5 梯形如图 2-17-7 所示。

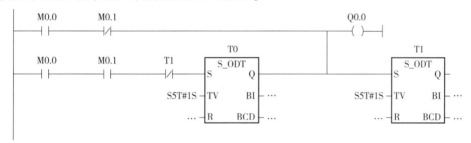

图 2-17-7　实训十七 S7 程序段 5 梯形

实训十七 S7 程序段 6 梯形如图 2-17-8 所示。

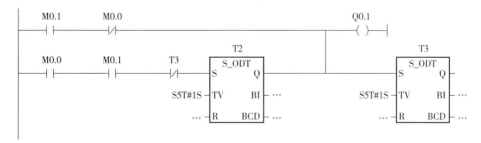

图 2-17-8　实训十七 S7 程序段 6 梯形

五、数据记录与处理

观察记录是否有以下操作结果。

（1）当水位低于 S4 时，电磁阀 Y 开启，系统开始向水池中注水；当水位高于 S3 时，电磁阀 Y 关闭。

（2）当水塔中的水位低于 S2 时，水泵电机 M 开始运转，水泵开始由水池向水塔中抽水；当水塔中的水位高于 S1 时，水泵电机 M 停止运转。

（3）当水位同时低于 S4、S2 时，水泵电机 M 和电磁阀 Y 的指示灯闪亮，系统报警。

六、安全操作规范

（1）要培养和树立安全第一的思想，严格遵守安全操作规程。操作前必须按标准穿戴好防护劳保护品。

（2）实训前认真检查电源、线路、设备是否正常，防止事故的发生。

（3）仔细检查设备是否有漏电，消除一切事故隐患。

（4）实训时，确认一切正常后，方可由教师合闸送电，不允许随意动用实训用品及合闸送电。

（5）实训中出现异常现象，应立即断电，排除故障后方可继续实训。

（6）不允许随便触摸 PLC 模板，不允许带电拉、插模件；PLC 出现死机，未明确原因时，切勿盲目重新启动；严禁随意修改各种地址、跳线、屏蔽信号、取消联锁等；遵守先检查外围，再检查 PLC 的原则，确认外围完好后，方可对 PLC 进行检查；PLC 的维修应由专门人员执行。

（7）监护人员有责任禁止一切违反安全操作规程的实训，并纠正违反安全操作规程的现象。

（8）操作结束后，必须做好"工完料净场地清"，工具和机械设备必须移到指定的区域摆放整齐。

实训十八　四路抢答器 PLC 控制项目设计

一、实训目的

- 了解四路抢答器控制的意义。
- 熟悉四路抢答器控制的原理。
- 掌握四路抢答器 PLC 控制项目设计的方法。
- 掌握四路抢答器相关程序编写、运行和调试的方法。

二、实训原理

四路抢答器控制的原理如图 2-18-1 所示。

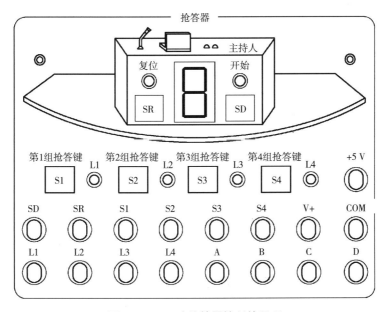

图 2-18-1　四路抢答器控制的原理

抢答分四组，1、2、3、4 组中任意一组抢先按下各自的抢答键（S1、S2、S3、S4）后，该队对应的指示灯（L1、L2、L3、L4）被点亮，并且其他队伍的队员继续抢答无效。

三、实训设备

PLC、个人电脑、四路抢答器控制模块和导线等。

四、实训内容

（1）输入/输出（I/O）模块分配。实训十八 I/O 分配（见表 2-18-1）地址不是固定的，可以根据编程者自行分配地址。

表 2-18-1　实训十八 I/O 分配

输入		输出	
设备	分配地址	设备	分配地址
第 1 组抢答键 S1	I0.0	指示灯 L1	Q0.0
第 2 组抢答键 S2	I0.1	指示灯 L2	Q0.1
第 3 组抢答键 S3	I0.2	指示灯 L3	Q0.2
第 4 组抢答键 S4	I0.3	指示灯 L4	Q0.3
复位按钮	I0.4		

（2）PLC 接线。根据 I/O 分配地址进行 PLC 和设备的连线。如果输入、输出的初始地址修改为"0"，那么输入模块第一个端口的地址为 I0.0，输出模块第一个端口的地址为 Q0.0。实训十八 PLC 接线如图 2-18-2 所示。

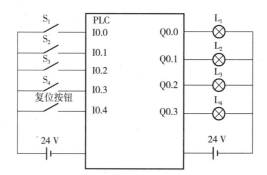

图 2-18-2　实训十八 PLC 接线

（3）S7 程序编写。实训十八 S7 程序梯形如图 2-18-3 所示。

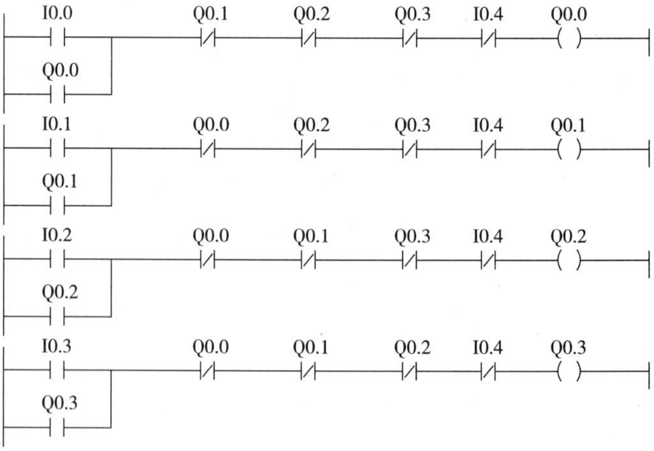

图 2-18-3　实训十八 S7 程序梯形

五、数据记录与处理

观察记录是否有以下操作结果：

(1)第1组先按下抢答键按钮 S1，指示灯 L1 被点亮，并且其他队伍的队员继续抢答无效。

(2)第2组先按下抢答键按钮 S2，指示灯 L2 被点亮，并且其他队伍的队员继续抢答无效。

(3)第3组先按下抢答键按钮 S3，指示灯 L3 被点亮，并且其他队伍的队员继续抢答无效。

(4)第4组先按下抢答键按钮 S4，指示灯 L4 被点亮，并且其他队伍的队员继续抢答无效。

(5)按下复位按钮，所有指示灯灭。

六、安全操作规范

(1)要培养和树立安全第一的思想，严格遵守安全操作规程。操作前必须按标准穿戴好防护劳保护品。

(2)实训前认真检查电源、线路、设备是否正常，防止事故的发生。

(3)仔细检查设备是否有漏电，消除一切事故隐患。

(4)实训时，确认一切正常后，方可由教师合闸送电，不允许随意动用实训用品及合闸送电。

(5)实训中出现异常现象，应立即断电，排除故障后方可继续实训。

(6)不允许随便触摸 PLC 模板，不允许带电拉、插模件；PLC 出现死机，未明确原因时，切勿盲目重新启动；严禁随意修改各种地址、跳线、屏蔽信号、取消联锁等；遵守先检查外围，再检查 PLC 的原则，确认外围完好后，方可对 PLC 进行检查；PLC 的维修应由专门人员执行。

(7)监护人员有责任禁止一切违反安全操作规程的实训，并纠正违反安全操作规程的现象。

(8)操作结束后，必须做好"工完料净场地清"，工具和机械设备必须移到指定的区域摆放整齐。

 在线测试 ⚙

测一测　扫一扫

📖 **课程思政**　　　**八钢富氢碳循环高炉实现重大技术突破**
勇立潮头，争做绿色低碳"排头兵"

　　2021年6月，中国宝武钢铁集团有限公司（以下简称中国宝武）绿色低碳冶金实验平台——宝钢集团新疆八一钢铁股份有限公司（以下简称八钢）富氢碳循环氧气高炉成功接入经过脱碳处理的八钢欧冶炉煤气，这是全球首个实现脱碳煤气循环利用的案例，标志着八钢在高炉碳减排、碳循环技术探索方面取得重大技术突破。

📖 **拓展阅读**　　　**欧冶子铸造"龙泉宝剑"**
——千锤百炼，始得精华

　　欧冶子是春秋时期的越国人。少年时代，他从母舅那里学会冶金技术，开始冶铸青铜剑和铁锄、铁斧等生产工具。他身体强健，吃苦耐劳，肯动脑筋，具有非凡的智慧。他敏锐地洞察出铜和铁性能的不同之处，认为将二者以不同配比冶炼、锻铸，会使成品的质量得到升华。于是电光石火般的灵光就在此时出现，他也因此冶铸出第一把铁剑——龙泉，成为中国铸剑鼻祖。

第三篇

虚拟仿真实训单元

仿真软件简介一 火法制铜生产工艺

一、应用目标

仿真软件的作用是提供一套模拟现场操作的环境，用以培训工艺技术人员、操作人员，让他们深入理解工艺机理、熟练掌握操作、增长操作经验，从而提高经济效益。

仿真软件可作为专业实习软件，解决用户现场实习不便及费用高的难题。仿真软件采用网络管理，方便组织教学。在对生产过程工艺进行时时动态模拟的同时及时给出操作评价，评价系统具有准确性、客观性、时时性。仿真软件还可用于跨专业仿真综合实习，培养学生综合技能。

二、流程简述

以硫化铜精矿为原料生产金属铜的过程包括以下四个步骤：造锍熔炼、锍的吹炼、粗铜火法精炼和阳极铜电解精炼。

造锍熔炼是将硫化铜精矿用不同的冶金炉设备进行熔炼，将部分铁的硫化物氧化成 FeO，并与炉料中的脉石造渣；而铜则以 Cu_2S 的形态与未被氧化的 FeS 及少量的其他金属硫化物生成锍(也称为冰铜)。造锍熔炼产出的半产品锍除含铜外，其他成分主要是铁和硫。造锍熔炼后的进一步处理便是用转炉吹炼使铁和硫完全氧化，从而与铜分离。经过吹炼，冰铜中的 FeS 氧化成 FeO，与加入的 SiO_2 熔剂造渣；而硫氧化成 SO_2 进入烟气，结果得到 w_{Cu} 在98.5%以上的粗铜。但粗铜质量满足不了工业铜的要求，必须经过火法精炼和电解精炼，得到 w_{Cu} 在99.95%以上的精铜。

三、培训内容及功能

(1)培训内容见表3-1-1所列。

表3-1-1 培训内容

培训工况	培训项目
冷态开车	配料系统操作
	下枪前的准备工作
	油泵的操作
	下枪加热操作
	熔炼操作
	停炉起枪操作
	贫化电炉操作
	转炉操作
	阳极炉操作
	电解车间操作

（2）主要功能。

①重做当前任务：生产状态恢复。

②培训项目选择：生产工况重选。

③DCS 风格选择：通用 DCS、TDC3000 等多种 DCS 风格。

④工艺参数运行趋势管理及报警管理。

⑤程序冻结/解冻（工艺系统暂停/继续运行）。

⑥进度存盘，进度重演。

⑦智能操作指导、诊断、实时评价操作状况，得出实时操作成绩。

⑧仿真时标设置：可以调整仿真软件运行时间。

火法制铜仿真软件主要操作界面如图 3-1-1、图 3-1-2、图 3-1-3、图 3-1-4 所示。

图 3-1-1　火法制铜流程工艺总图界面

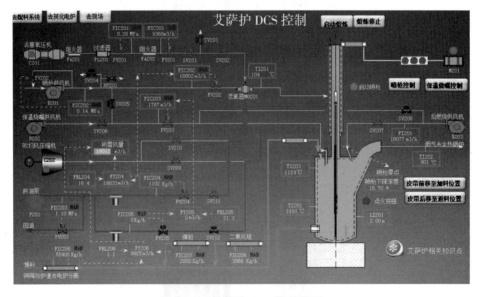

图 3-1-2　艾萨炉 DCS 控制界面

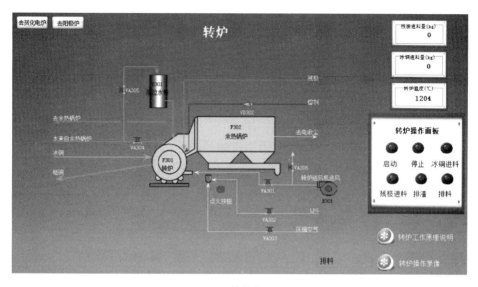

图 3-1-3 转炉操作界面

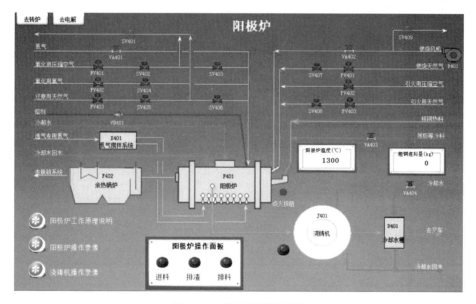

图 3-1-4 阳极炉操作界面

仿真软件简介二　湿法制铜生产工艺

一、应用目标

仿真软件的作用是提供一套模拟现场操作的环境，用以培训工艺技术人员、操作人员，让他们深入理解工艺机理、熟练掌握操作、增长操作经验，从而提高经济效益。

仿真软件可作为专业实习软件，解决用户现场实习不便及费用高的难题。仿真软件采用网络管理，方便组织教学。在对生产过程工艺进行时时动态模拟的同时及时给出操作评价，评价系统具有准确性、客观性、时时性。仿真软件还可用于跨专业仿真综合实习，培养学生综合技能。

二、流程简述

从矿山开采出来的矿石经过破碎、磨矿、分级后，合格的矿浆用泵输送至浸出槽进行浸出，浸出方式为连续浸出。浸出后的矿浆用泵输送至逆流洗涤工序，采用一级沉降和三级浓密池逆流倾析，洗水并入浸出液；经检查过滤后，滤液进入萃取工序，洗后的滤渣进行尾矿处置。浸出液中的铜采用萃取法回收，进行两段逆流萃取、一段反萃，反萃得到的反萃液经活性炭过滤除油后输送至电解槽进行电积，阴极析出铜，阳极放出氧气。电积贫液返回铜反萃取，作为铜反萃取剂。当阴极铜板达到一定厚度后将其取出，用阴极铜剥离机进行剥离、洗涤后，得到商品电铜，经计量、包装后入库。

三、培训内容及功能

（1）培训内容见表 3-2-1 所列。

表 3-2-1　培训内容

序号	岗位名称	培训工况	培训细目
01	破磨岗位	冷态开车	细碎岗位开车
			粗碎岗位开车
			球磨岗位开车
		正常停车	细碎岗位停车
			粗碎岗位停车
			球磨岗位停车
		事故处理	FV101 阀卡
			P0102A 泵坏

（续表）

序号	岗位名称	培训工况	培训细目
02	浸出岗位	冷态开车	冷态开车
		正常停车	正常停车
		事故处理	浸出槽温度降低
			浸出率降低
03	逆流洗涤岗位	冷态开车	冷态开车
		正常停车	正常停车
		事故处理	R0301 底流积累过多
04	溶剂萃取岗位	冷态开车	进萃取液
			进贫有机液
			萃取水循环
			进反萃取剂
			有机相循环
			反萃取液去电积工序
		正常停车	停萃原液
			停贫有机相
			停负载有机相
			停反萃取剂
			停萃取水
			停有机相捕收剂
		事故处理	萃取水铜浓度高
			贫有机相铜浓度高
05	电积岗位	冷态开车	冷态开车
		正常停车	正常停车
		事故处理	铜表面出现烧斑
			电积槽温度升高

（2）主要功能。

①重做当前任务：生产状态恢复。

②培训项目选择：生产工况重选。

③DCS 风格选择：通用 DCS，TDC3000 等多种 DCS 风格。

④工艺参数运行趋势管理及报警管理。

⑤程序冻结/解冻（工艺系统暂停/继续运行）。

⑥进度存盘，进度重演。

⑦智能操作指导、诊断、实时评价操作状况，得出实时操作成绩。

⑧仿真时标设置：可以调整仿真软件运行时间。

湿法制铜仿真软件主要操作界面如图 3-2-1、图 3-2-2、图 3-2-3、图 3-2-4、图 3-2-5 所示。

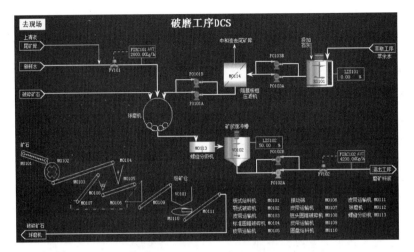

图 3-2-1　破磨工序 DCS 界面

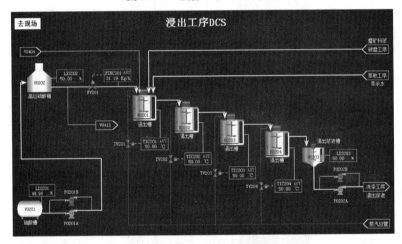

图 3-2-2　浸出工序 DCS 界面

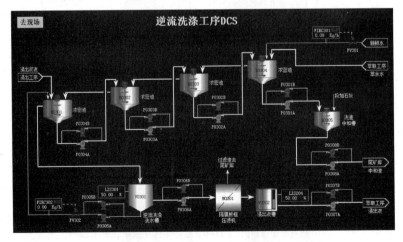

图 3-2-3　逆流洗涤工序 DCS 界面

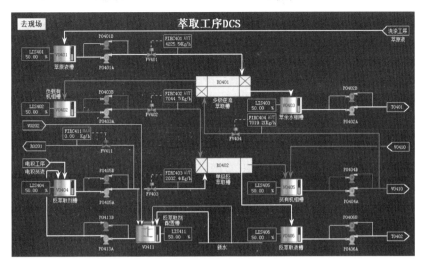

图 3-2-4 萃取工序 DCS 界面

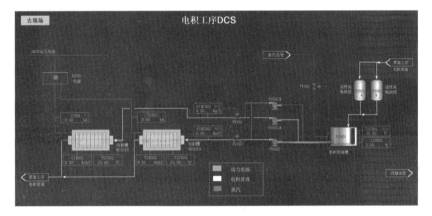

图 3-2-5 电积工序 DCS 界面

仿真软件简介三　铜冶炼(转炉)生产仿真实训系统

一、铜冶炼(转炉)生产仿真实训系统概述

扫一扫　看视频

铜冶炼企业的设备大多是重型设备,危险程度和保密程度都比较高,新员工大多不能亲身操作。而冶金院校主要以教授理论知识为主,学生缺少实际操作的环境和平台。因此虚拟现实系统成为一种重要的学习工具。

虚拟现实系统是综合利用计算机图形学、光电成像、传感、计算机仿真、人工智能等多种技术,创建一个逼真的,具有视、听、触、嗅、味等多种感知的计算机系统。生产仿真实训系统将虚拟现实应用于冶金类教学,通过虚拟现场的真实环境,生产工艺的真实过程,让学生更形象、直观地体会实际工作环境。学生在不断地考核和练习过程中,达到掌握知识的目标。

铜冶炼(转炉)生产仿真实训系统主要用计算机模拟 3D 场景、转炉控制画面等,用数学模型驱动,逼真的反映现场真实环境,并能进行训练、考核,生成和下达生产计划。

二、铜冶炼(转炉)生产仿真实训系统操作(附操作视频)

1. 电仪操作

图 3-3-1 为电仪操作界面,其是转炉生产中对风氧进行调节的界面。用户可以查看界面内显示的参数,可以使用相关的按钮对参数进行调节。

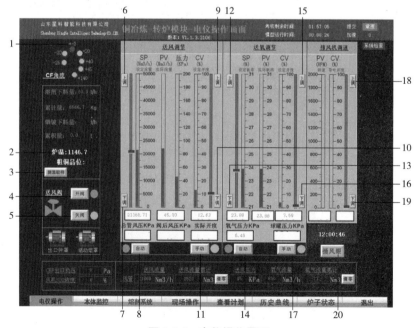

图 3-3-1　电仪操作界面

图 3-3-1 电仪操作界面中标注序号的具体含义见表 3-3-1 所列。

表 3-3-1 电仪操作界面中标注序号的具体含义

标注序号	含义	标注序号	含义
1	转炉当前角度范围值	11	风阀开度调节手动模式按钮
2	当前炉温	12	自动模式下上调氧浓按钮
3	当前粗铜品位	13	自动模式下下调氧浓按钮
4	打开风阀按钮	14	氧浓调节自动模式按钮
5	关闭风阀按钮	15	手动模式下上调氧阀开度按钮
6	自动模式下上调风量按钮	16	手动模式下下调氧阀开度按钮
7	自动模式下下调风量按钮	17	氧阀开度调节手动模式按钮
8	风量调节自动模式按钮	18	排风机速度上调按钮
9	手动模式下上调风阀开度按钮	19	排风机速度下调按钮
10	手动模式下下调风阀开度按钮	20	捅风眼操作按钮

（1）说明。风氧的设定应在添加冰铜和熔剂之前。

（2）系统检查操作。在系统开始运行前对系统中的设备的状态进行检查，包括需要检查的项和不需要检查的项。用户选择了需要检查的项则加分，选择了不需要检查的项则减分。

单击【系统检查】按钮，弹出【系统检查】对话框（见图 3-3-2），选择要检查的项，并单击【确定】弹出提示对话框（见图 3-3-3），系统检查完成。

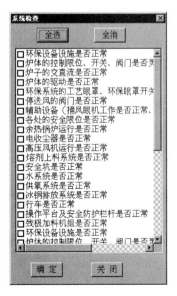

图 3-3-2 【系统检查】对话框

图 3-3-3 【提示】对话框

(3)打开风阀操作。当 1 中的角度为+3 度，即转炉在吹炼位置时，单击 4 打开风阀，此时显示灯为绿色。

(4)调整风氧量操作。根据计划内容，计算出风氧量。

①若选择【自动】模式，则通过上调或下调送风的设定流量与送氧的设定氧浓来进行风量和氧量调节。

②若选择【手动】模式，则通过上调或下调送风与送氧的设定开度来进行风量和氧量调节。

③单击 6 上调按钮和 7 下调按钮可以增大和减小送风设定流量值，单击一次增大或减小 5 000，上下拖动送风设定流量滑块可以大幅度调整送风设定流量值。

④单击 9 上调按钮和 10 下调按钮可以增大和减小送风设定开度，单击一次增大或减小 10，上下拖动送风设定开度滑块可以大幅度调整送风设定开度值。

⑤单击 12 上调按钮和 13 下调按钮可以增加和减小送氧设定氧浓值，上下拖动送氧设定氧浓滑块可以大幅度调整设定氧浓值。

⑥单击 15 上调按钮和 16 下调按钮可以增加和减小送氧设定开度值，上下拖动送氧设定开度滑块可以大幅度调整送氧设定开度值。

⑦图 3-3-4、图 3-3-5 分别为风氧调节自动模式、风氧调节手动模式，单击 5 关阀按钮，界面上的送风量和送氧量按照阀门开度每次减 5 的速度递减。

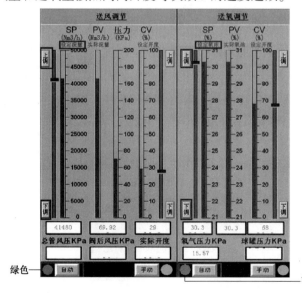

图 3-3-4 风氧调节自动模式

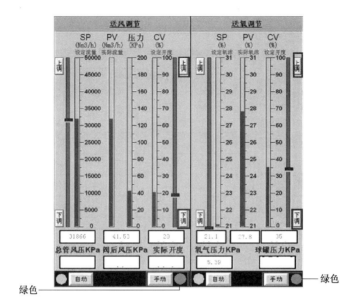

图 3-3-5　风氧调节手动模式

2. 熔剂系统

图 3-3-6 为熔剂系统界面，其是转炉生产中对加入炉中的物料进行控制的界面。用户可以查看或设置界面内显示的参数，可以查看相关虚拟现实场景，可以使用相关的按钮对参数进行调节。

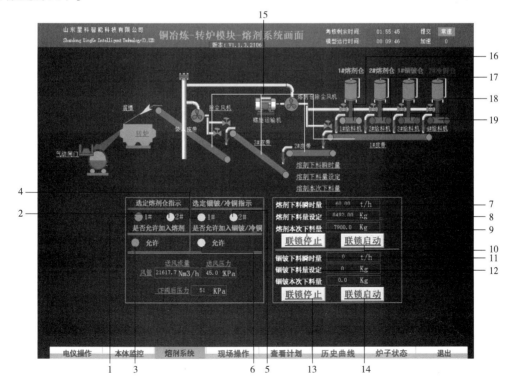

图 3-3-6　熔剂系统界面

图 3-3-6 熔剂系统界面中标注序号的具体含义见表 3-3-2 所列。

表 3-3-2　熔剂系统界面中标注序号的具体含义

标注序号	含义	标注序号	含义
1	是否选择 1#熔剂仓按钮	11	设置锔铍下料瞬时量
2	是否选择 2#熔剂仓按钮	12	设置锔铍下料量
3	是否允许加入熔剂按钮	13	联锁停止锔铍下料
4	是否选择锔铍仓按钮	14	联锁启动锔铍下料
5	是否选择冷铜仓按钮	15	1#、2#、3#皮带,装入皮带是否启动指示灯
6	是否允许加入锔铍/冷铜按钮	16	1#给料机是否启动指示灯
7	设置熔剂下料瞬时量	17	2#给料机是否启动指示灯
8	设置熔剂下料量	18	3#给料机是否启动指示灯
9	联锁停止熔剂下料	19	4#给料机是否启动指示灯
10	联锁启动熔剂下料		

（1）说明。

①风氧的设定应在添加冰铜和熔剂之前。

②锔铍或冷铜不同时加入。

③联锁停止熔剂下料会同时停止 1#和 2#给料机。

④若锔铍或冷铜下料已经联锁启动,则此时执行熔剂联锁停止,1#和 2#给料机会停止,而皮带还是处于启动状态,即此时的皮带指示灯仍为绿色。

（2）加入熔剂操作。用户根据需要选择 1#溶剂仓或 2#熔剂仓,并单击 3 允许加入熔剂,单击 7 设置熔剂下料瞬时量,单击 8 设置熔剂下料量。设置完毕后单击 10 按钮,此时界面上会显示熔剂本次下料量,并以设定的速度变化,直至达到设定的熔剂下料量;装入皮带,3#、2#、1#皮带指示灯依次变为绿色,1#、2#给料机指示灯变为绿色。

（3）停止加入熔剂操作。单击 9,此时界面上显示的熔剂本次下料量会停止变化,且 1#、2#、3#皮带,装入皮带会依次变回红色,1#、2#给料机指示灯变回红色。

（4）加入锔铍或冷铜操作。同加入熔剂操作相同。

（5）停止加入锔铍或冷铜操作。同停止加入熔剂操作相同。

（6）加速。单击界面右上角的【加速】按钮后,按钮变为绿色,此时界面中的熔剂本次下料量显示值增加速度变快。

（7）常速。此项为默认值,即一开始进入熔剂系统画面操作时常速按钮为绿色,若单击【加速】按钮后,此按钮会变为红色;单击【常速】按钮后,按钮变回绿色,此时界面中的熔剂本次下料量显示值按照设定的速度变化。

3. 本体监控

图 3-3-7 为本体监控界面,其是转炉生产中对转炉本体进行监控的界面。用户可以查看界面内显示的参数,可以使用相关的按钮对参数进行调节。

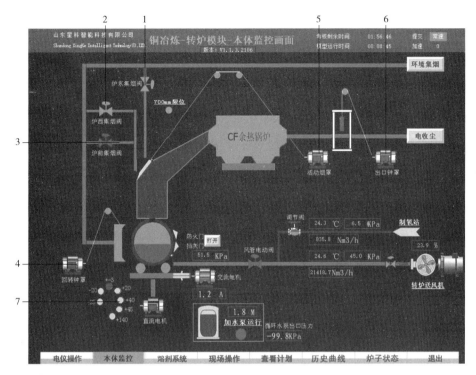

图 3-3-7 本体监控界面

图 3-3-7 本体监控界面中标注序号的具体含义见表 3-3-3 所列。

表 3-3-3 本体监控界面中标注序号的具体含义

标注序号	含义	标注序号	含义
1	炉东集烟阀	5	活动烟罩
2	炉西集烟阀	6	出口钟罩
3	炉前集烟阀	7	转炉当前角度范围值
4	回转钟罩		

（1）挡门。在进料过程中，应将挡门打开，进料结束后，应将挡门关闭。

（2）集烟阀。当进行环境集烟时，应打开集烟阀。集烟阀包括炉东集烟阀、炉西集烟阀和炉前集烟阀，默认为关闭状态。当单击集烟阀图标时，会弹出【选择集烟阀状态】对话框（见图 3-3-8），选择打开或关闭，用户可根据需要选择；当打开后，集烟阀图标会变为绿色。

（3）钟罩。当进行进料或放渣时，应提前 1 min 将回转钟罩和活动烟罩打开，进料或放渣结束后 1 min 内应将回转钟罩和活动烟罩关闭。

①单击回转钟罩时，会弹出【选择集烟阀状态】对话框，用户可根据需要选择打开或关闭。

图 3-3-8 【选择集烟阀状态】对话框

143

②单击活动烟罩时，会弹出【选择集烟阀状态】对话框，用户可根据需要选择打开或关闭，若选择打开，则活动烟罩图标由红色变为绿色。

③单击出口钟罩时，会弹出【选择集烟阀状态】对话框，用户可根据需要选择打开或关闭，若选择打开，则出口钟罩图标由红色变为绿色。

画面中显示的相关参数值和电仪操作画面中的各参数值相对应。

4. 现场操作

图 3-3-9 为现场操作界面，其是转炉生产中对转炉进行虚拟现场监控的界面。用户可以查看或设置界面内显示的参数，可以查看相关虚拟现实场景，可以使用相关的按钮对参数进行调节。

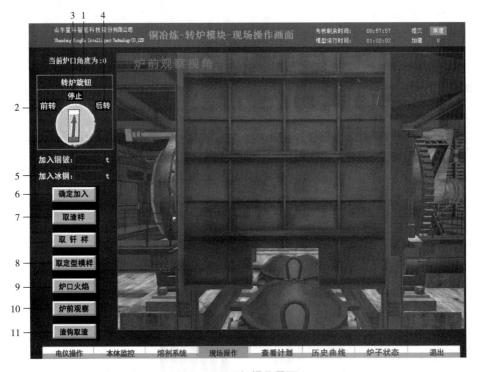

图 3-3-9　现场操作界面

图 3-3-9 现场操作界面中标注序号的具体含义见表 3-3-4 所列。

表 3-3-4　现场操作界面中标注序号的具体含义

标注序号	含义	标注序号	含义
1	转炉当前角度	7	取渣样（虚拟界面）
2	转炉前转操作按钮	8	取定型模样（虚拟界面）
3	转炉停止操作按钮	9	炉口火焰（虚拟界面）
4	转炉后转操作按钮	10	炉前观察（虚拟界面）
5	设置加入冰铜的量	11	渣钩取渣（虚拟界面）
6	确定加入冰铜按钮		

（1）设置添加的冰铜量操作。单击 5 将出现编辑框，输入要加入的冰铜量；当编辑框失去焦点后，输入的冰铜量会即时显示在界面上。需要注意的是，此时冰铜还未进入转炉内。

（2）确定加入冰铜操作。当设置添加的冰铜量后，单击 6，则设置的添加的冰铜量会逐渐进入炉内，5 中显示的冰铜量会逐渐减少。

（3）炉前观察操作。单击 10，则弹出虚拟界面用来观察转炉的转动情况。炉前观察视角如图 3-3-10 所示。

图 3-3-10　炉前观察视角

（4）转炉前转操作。当需要倒渣或倒铜时，需要将转炉前转到一定角度。

单击 10 后，单击 3 进行转炉前转操作，此时虚拟界面中的转炉会向屏幕方向转动，界面上显示的"当前炉子转动角度"会增加，每秒增加 3°，前转最大角度为 140°。炉体角度显示如图 3-3-11 所示。

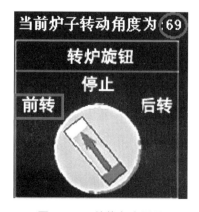

图 3-3-11　炉体角度显示

图 3-3-12 为转炉前转进行倒渣(铜)的过程。

图 3-3-12 转炉前转进行倒渣(铜)的过程

(5)转炉停止操作。单击 3 进行转炉停止操作,此时虚拟界面中的转炉会停止转动,界面上显示的"当前炉口角度"会停止变化。

(6)转炉后转操作。单击 4 进行转炉后转操作,此时虚拟界面中的转炉会向屏幕方向转动,界面上显示的"当前炉口角度"会减少,每秒减少 3°,后转最大角度为 25°。图 3-3-13 为转炉后转停止倒渣(铜)的过程。

图 3-3-13 转炉后转停止倒渣(铜)的过程

5. 查看计划

用户单击画面中的【查看计划】按钮时，会弹出对话框显示当前执行的计划内容（见图 3-3-14）。

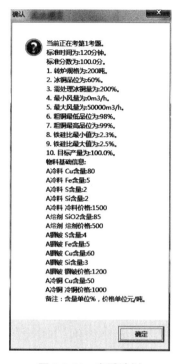

图 3-3-14　查看计划

6. 历史曲线

用户单击界面中的【历史曲线】按钮，会显示历史曲线界面，历史曲线界面直观展现风量、风管阀后压力、氧量、氧浓的动态变化情况。历史曲线界面如图 3-3-15 所示。

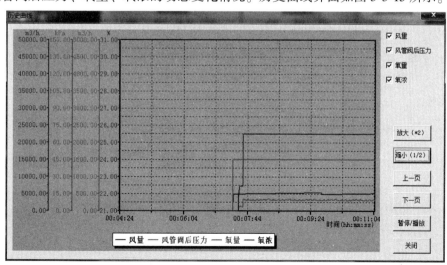

图 3-3-15　历史曲线界面

7. 炉子状态

用户单击界面中的【炉子状态】按钮，会显示炉子当前所处状态，不同时期显示状态有所不同，图 3-3-16 为炉子的其中一种状态。

图 3-3-16 炉子状态显示

8. 提交

用户单击【提交】按钮后，将弹出对话框显示计划执行结果(见图 3-3-17)。

图 3-3-17 计划执行结果

提交后，用户将无法对画面进行操作。

三、配置清单

铜冶炼(转炉)生产仿真实训系统配置清单见表 3-3-5 所列。

表 3-3-5 铜冶炼(转炉)生产仿真实训系统配置清单

序号	品目名称		功能规格及技术参数	数量
1	转炉炼铜生产仿真实训系统V1.0(训练系统)	数学模型仿真系统	模拟出炉内的实时状况，包括冰铜在不同氧浓情况下造渣期与造铜期的各种主要反应进度与程度的模拟，以及热平衡、物料平衡的计算	1套
		电仪操作控制仿真系统	主要包括对风阀的控制开关、风量调节的手动和自动控制、氧量调节的手动和自动控制、捅风眼的控制、炉体熔剂量、炉体角度、炉内温度的实时指示	
		本体控制仿真系统	主要包括对炉前集烟阀、炉前挡门、炉前工艺眼罩等辅助环保设备的控制，以及对送风流量的监控	
		熔剂控制仿真系统	实现对炉内熔剂、冷料、冷铜等物质加入的控制	
		现场控制仿真系统	实现对炉体前转、后转的控制与取定型模样、渣板样、炉口火焰、炉口放渣、渣层厚度观察等操作的控制	

（续表）

序号	品目名称		功能规格及技术参数	数量
1	转炉炼铜生产仿真实训系统V1.0(训练系统)	转炉考核评价系统	正常工艺的操作规程、工艺参数考核；炉温过高过低异常、铜过吹异常、渣过吹异常、恶喷异常等工况的考核	1套
		转炉吹炼3D虚拟仿真软件	主要包括炉口的火焰、烟气、炉体的转动效果、炉体装料效果、炉体放料效果、行车加料效果、喷溅效果、定型模样实时动态展示、渣板样实时动态展示、渣层厚度指示、炉体周围设备展示、炉体周围工作环境展示等	
2	转炉炼铜生产仿真实训系统V1.0(管理系统)	基础信息管理软件	学生教师等基础信息管理与维护；学生教师等人员的权限设定	1套
		计划下达软件	生产计划的生成、下达	
		数据存储软件	数据库管理与维护	
		报表查询与导出软件	考核报表的统计和查询导出	

仿真软件简介四 铜冶炼(阳极炉)生产仿真实训系统

一、铜冶炼(阳极炉)生产仿真实训系统概述

扫一扫 看视频

火法冶炼工厂的设备大多是重型设备，危险程度和保密程度都比较高，新员工大多不能亲身操作。而冶金院校主要教授理论知识为主，学生容易缺少实际操作经验。

虚拟现实系统是综合利用计算机图形学、光电成像、传感、计算机仿真、人工智能等多种技术，创建一个逼真的，具有视、听、触、嗅、味等多种感知的计算机系统。生产仿真实训系统将虚拟现实应用于冶金类教学，通过虚拟现场的真实环境、生产工艺过程的真实，让学生更形象、直观地体会实际工作环境。学生在不断地考核和练习过程中，达到掌握知识的目标。

铜冶炼(阳极炉)生产仿真实训系统主要用计算机模拟3D场景、中控室控制画面，用数学模型驱动，逼真的反映现场的各种真实环境，并使之具有训练、考核的使用价值。

二、铜冶炼(阳极炉)生产仿真实训系统操作(附操作视频)

1. 虚拟界面

单击虚拟界面图标，选择启动，并调整窗口大小至合适。

2. 控制系统

(1)计划选择。启动控制系统程序之后，控制界面会弹出计划选择界面(见图3-4-1)，选择需要考核的计划，单击【确定】，完成计划选择。

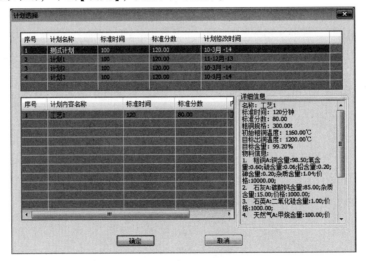

图 3-4-1 计划选择界面

（2）系统检查。计划选择完成后，会弹出系统检查界面（见图3-4-2），单击需要检查的内容前的复选框。当该内容的复选框被勾选，表明检查过了，否则表示没有进行检查。

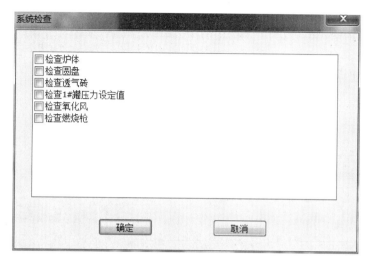

图 3-4-2　系统检查界面

将需要检查的项目全部勾选完成后，单击【确定】，系统将自动进行检查。

（3）进料。

①在燃烧枪控制界面设置天然气流量，在 SP 处单击设置流量值，输入数值后，回车或单击界面其他地方，完成流量值设置。

②天然气流量设置完成后，单击启动烧嘴。

③在透气砖控制界面单击【Charging #1】（见图3-4-3）。

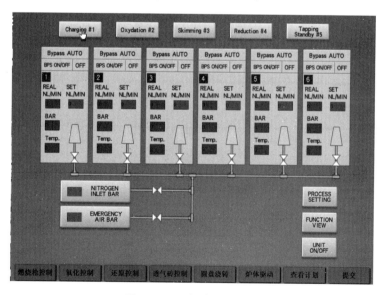

图 3-4-3　透气砖控制界面

④在炉体驱动界面（见图3-4-4）分别单击挡门控制和炉门控制的【打开】按钮，打开挡门

炉门；单击炉前平台控制的【提起】按钮，提起四个炉前平台；单击炉体驱动的【前转】按钮，将炉体角度从90°转动到进料角度，然后单击炉体驱动的【停止】按钮，停止炉体转动。

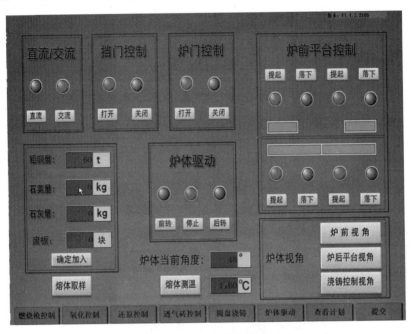

图3-4-4　炉体驱动界面

⑤单击粗铜量后的空格，输入要添加的粗铜量，当粗铜量从添加值逐渐降低至0时，用同样的方法单击石英量和石灰量后的空格，输入数值，添加石英和石灰。

另外，在进料过程中虚拟界面有动态形象的演示，可单击炉体驱动界面切换视角观察（见图3-4-5）。

图3-4-5　加料的虚拟界面

注意：粗铜、石英和石灰的加料可分批进行，但粗铜的总添加量不可超过计划中的质量，石英的总添加量不可超过 2 000 kg，石灰的总添加量不可超过 500 kg。

（4）氧化。

①在炉体驱动界面分别单击挡门控制和炉门控制的【关闭】，关闭挡门和炉门。

②在氧化控制界面（见图 3-4-6）单击氧化风后的空格，输入氧化风压力值，回车或单击界面其他地方，完成氧化风压力值设置。

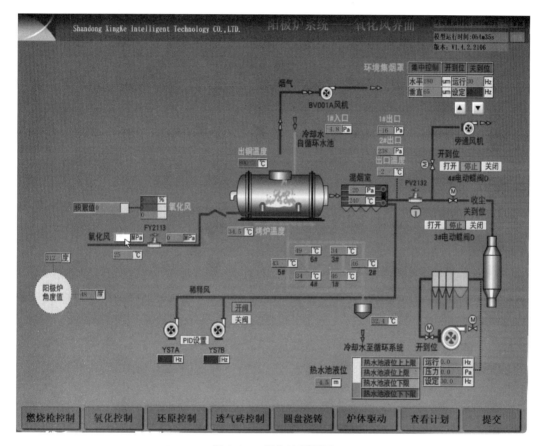

图 3-4-6　氧化控制界面

③在氧化控制界面单击积累值后、氧化风前的空格，输入百分比数值，回车或单击界面其他地方，完成输入。

④在炉体驱动界面单击炉体驱动的【前转】按钮，将炉体转动到对应的氧化角度（具体转多少，要根据加料情况进行判断），然后单击炉体驱动的【停止】按钮，开始氧化过程。

⑤在透气砖控制界面单击【Oxydation #2】。

⑥在氧化过程中，可通过单击炉体驱动界面的【熔体取样】按钮在虚拟界面观察取样结果（见图 3-4-7），图 3-4-7 中白色细状物为硫丝；可通过单击【熔体测温】按钮，在其后的空格处观察当前炉内熔体的温度；氧化过程中的温度可以通过调节天然气的流量和炉体的角度进行控制，氧化的快慢程度可通过转动炉体改变氧化风的效率而调节。

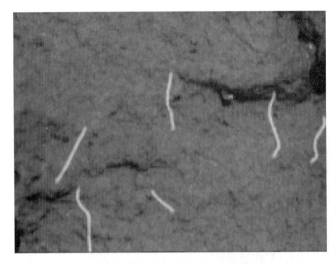

图 3-4-7　氧化期熔体取样的虚拟界面

　　⑦在氧化过程中，需要进行煤粉仓的补粉和冲压操作，还原控制界面(见图 3-4-8)中只可使用其中某一个煤粉仓。

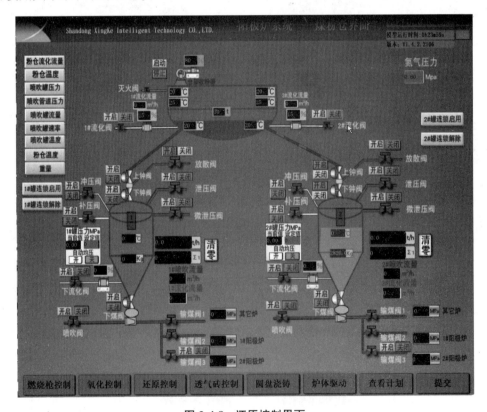

图 3-4-8　还原控制界面

　　a. 先在界面右上角氮气压力下的空格处设定氮气压力。

　　b. 补粉过程：单击【关闭】按钮关闭放散阀，单击【开启】按钮开启下钟阀门，单击

【开启】按钮开启上钟阀，对应煤粉仓的重量空格处会显示煤粉仓内当前可用煤粉量；充粉完毕后，单击【关闭】按钮关闭上钟阀，单击【关闭】按钮关闭下钟阀，单击【开启】按钮开启放散阀。

c. 冲压过程：单击对应煤粉仓的【设定值】下的空格，输入煤粉罐压力，单击自动匀压下的【开】按钮。

（5）倒渣。

①在氧化控制界面单击积累值后、氧化风前的空格、输入"0"，停止氧化风。

②在炉体驱动界面分别单击挡门控制和炉门控制的【打开】按钮，打开挡门炉门。

③在透气砖控制界面单击【Skimming #3】。

④在炉体驱动界面单击炉体驱动的【前转】按钮，将炉体转动到倒渣角度后，单击炉体驱动的【停止】按钮，进行倒渣。倒渣的虚拟界面如图3-4-9所示。

图 3-4-9　倒渣的虚拟界面

⑤倒渣完成后，将炉子转到大于氧化的角度，即单击炉体驱动的【后转】按钮，等炉体到适当的角度后单击【停止】按钮，再单击挡门控制和炉门控制的【关闭】按钮，关闭挡门和炉门。

（6）还原。

①在燃烧枪控制界面单击百分比空格，输入"0"，再单击【停止烧嘴】按钮，将燃烧枪停掉。

②在还原控制界面，进行送粉操作：单击【开启】按钮开启喷吹阀，单击【开启】按钮开启输煤阀3，单击【开启】按钮开启下流化阀，单击【开启】按钮开启下煤阀。

③在炉体驱动界面单击炉体驱动的【前转】按钮，将炉体转动到对应的还原角度，单击【停止】按钮，开始还原。

④在透气砖控制界面单击【Reduction #4】。

⑤在还原过程中，可通过单击【熔体取样】按钮在虚拟界面观察取样结果（见图3-4-10），图3-4-10中顶部为成片的金属点；可通过单击【熔体测温】按钮，在其后的空格处观察当前炉内熔体的温度；还原过程中的温度和还原的快慢程度都可通过转动炉体改变欢迎煤粉的效率而调节，当效率相对过低时，虚拟界面会出现炉口黑烟现象。

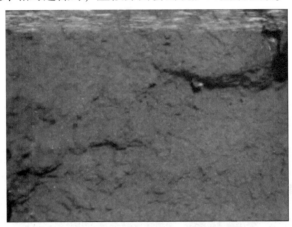

图3-4-10　还原期熔体取样的虚拟界面

⑥在还原过程中，需要设定圆盘浇铸界面参数；在圆盘浇铸界面（见图3-4-11）单击左右圆盘的【启动】按钮和【开】按钮，启动圆盘并打开冷却水开关；分别设定左右圆盘的模温、冷却水压力和硫酸钡配比。

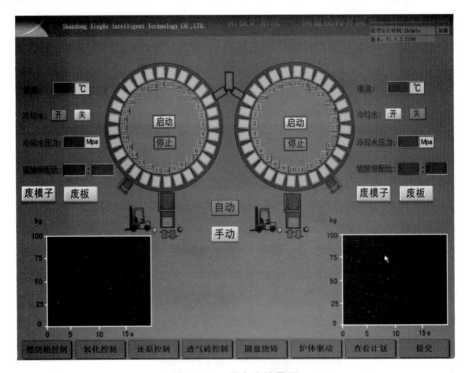

图3-4-11　圆盘浇铸界面

（7）浇铸。

①还原结束后，在炉体驱动界面，将炉子转到大于还原的角度，即单击炉体驱动的【后转】按钮等炉体到适当的角度后再单击【停止】按钮。

②在还原控制界面单击【关闭】按钮关闭下煤阀，单击【后转】按钮将炉体转动到出铜位置，再单击【停止】按钮开始进行出铜。

③在透气砖控制界面单击【Tapping Standby #5】。

④在炉体驱动界面单击【浇铸控制视角】按钮将虚拟界面视角切换到浇铸视角，观察圆盘浇铸的虚拟界面（见图 3-4-12）。

图 3-4-12　圆盘浇铸的虚拟界面

⑤在圆盘浇铸界面观察两个圆盘正在浇铸的模子的质量曲线变化（见图 3-4-13），从而判断该模子中的阳极板是否合格。通过观察虚拟界面中取板机取板时是否能够将对应的阳极板取走来判断是否出现废模子。当判断模子中的阳极板不合格或模子不合格时，单击界面中对应圆盘的矩形区域，将弹出如图 3-4-14 所示的区域标记框，单击对应的区域和确定按钮进行标记。

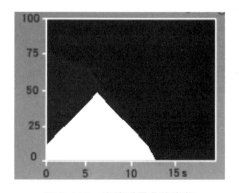

图 3-4-13　浇铸质量曲线变化

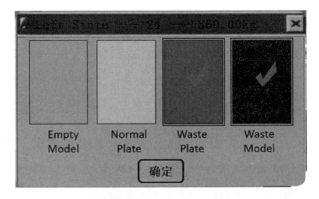

图 3-4-14　区域标记框

（8）提交。浇铸完成后，单击【提交】按钮会弹出提示框（见图 3-4-15），若单击【是】按钮则提交工艺操作，若单击【否】按钮则取消提交。提交后的界面如图 3-4-16 所示，单击【确定】按钮即可。

图 3-4-15　提示框

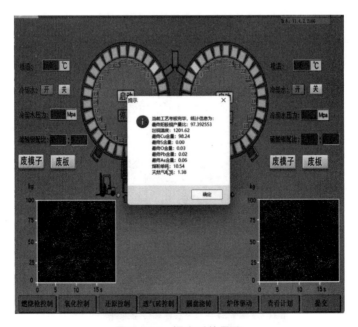

图 3-4-16　提交后的界面

三、配置清单

铜冶炼(阳极炉)生产仿真实训系统配置清单见表3-4-1。

表 3-4-1　铜冶炼(阳极炉)生产仿真实训系统配置清单

序号	品目名称		功能规格及技术参数	数量
1	阳极炉系统	阳极炉监控操作上位机软件	仪表操作:主要包括对氧化空气、氮气、环氧流量、负压调节、天然气流量、中心氧量等电仪阀门的控制; 流程监控主要包括对阳极炉环节所有管路的监控视图,可直观地监控阳极炉; 炉体电机操控:主要包括对炉体驱动系统的控制和监视,可实现炉体的前后转动控制; 圆盘浇铸机操控:可实现对圆盘浇铸机的控制,进行模子设定(分常规电解和PC电解的阳极板)、模板吹干、喷涂脱模剂、喷冷却水设定,以及出现废板时取板的设定; 正常工艺的操作规程、工艺参数考核; 炉体发红、还原终点判断失误等工况的考核	1套
		阳极炉3D虚拟仿真软件	阳极炉本体的3D虚拟仿真系统要包括炉口的火焰、烟气、炉体的转动效果、炉体装料效果、炉体放料效果、行车加料效果、喷溅效果、样板实时动态展示、炉体周围设备展示、炉体周围工作环境展示; 圆盘浇铸机的3D虚拟仿真系统主要包括圆盘、圆盘运行动态效果、模子、浇铸机、浇铸动态效果、机械手工作动态效果、阳极板冷却动态效果; 与"阳极炉监控操作上位机软件"形成实时互动	
2	铜冶炼生产仿真管理系统	基础信息管理,计划下达,数据存储、报表等	生产计划的生成、下达; 数据库管理与维护; 学生教师等基础信息管理与维护; 学生教师等人员的权限设定; 考核模式设定、考核报表的统计和查询导出	1套

仿真软件简介五　钢铁生产仿真实训系统

一、钢铁生产仿真实训系统概述

扫一扫　看视频

钢铁生产仿真实训系统依托虚拟现实、多媒体、人机交互、数据库和网络通信等技术，集生产和控制技术于一体，构建了高度仿真的虚拟实训环境，实现了钢铁生产工艺操作的实时仿真。

钢铁生产仿真实训系统配合声音、图像、动漫及互动视景设备，能够进行控制装料、供氧、造渣、温度及加入合金材料等工序，可以对转炉炼钢工艺流程和生产过程中出现的异常工况进行训练。通过训练学生能够从冶炼过程中的火焰状态判断出喷溅和返干等异常工况，并且能选用正确的方法处理异常工况。学生在实际操作转炉前利用该仿真实训系统进行实训练习，能够熟练掌握转炉操作技能和熟悉转炉炼钢工艺流程。而且通过反复练习钢铁生产操作，缩短企业培训时间，提高培训效率，避免实际操作转炉时出现事故，达到熟能生巧的目的。

二、钢铁生产仿真实训系统操作（附操作视频）

1. 登录

钢铁生产仿真实训系统登录前和登录后的界面如图 3-5-1、图 3-5-2 所示。

图 3-5-1　钢铁生产仿真实训系统登录前的界面

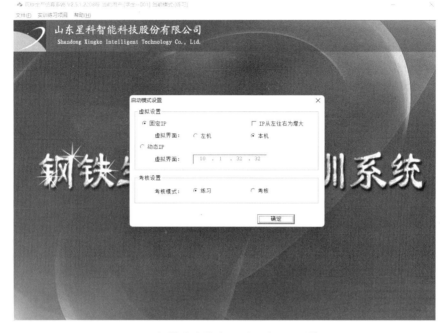

图 3-5-2　钢铁生产仿真实训系统登录后的界面

2. 准备工作

1) 选择计划

登录后，在计划选择界面选择相应的计划信息(见图 3-5-3)。

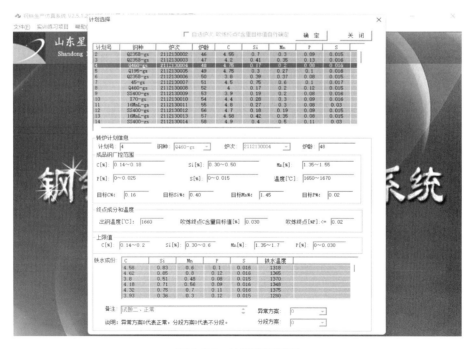

图 3-5-3　计划选择界面

2) 系统检查

在系统检查界面选择钢铁生产前需要检查的选项（见图3-5-4）。

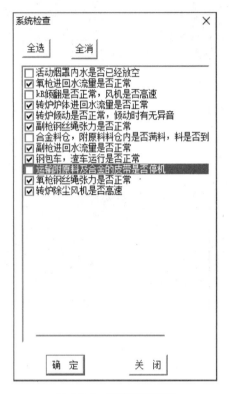

图 3-5-4　系统检查界面

3) 初始化设置

在初始化设置界面设置铁水重量、轻废钢量、重废钢量，单击【确定】按钮（见图3-5-5）。

图 3-5-5　初始化设置界面

4)加废钢

单击【加废钢】按钮,将会看到虚拟界面开始加废钢,且【装料开始】将变为绿色选中状态,而【装料结束】将变为红色未选中状态,即装料开始(见图3-5-6、图3-5-7)。

图 3-5-6　加废钢装料显示界面

图 3-5-7　加废钢的虚拟界面

5)兑铁水

单击【兑铁水】按钮,将会看到虚拟界面开始兑铁水。当兑完铁水时会看到【装料开始】将变为红色未选中状态,而【装料结束】将变为绿色选中状态,即装料结束(见图3-5-8、图3-5-9)。

图 3-5-8　兑铁水装料显示界面

图 3-5-9　兑铁水的虚拟界面

6) 转炉投料

(1) 数据设定。单击 CRT 设定值一行中的任意一个，会弹出如图 3-5-10 所示的【输入数据】对话框，设定相对应的值，单击【确定】按钮，即设定成功。图 3-5-11 为转炉投料 CRT 设定值界面。

图 3-5-10　【输入数据】对话框

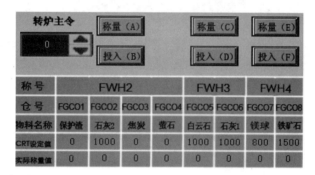

图 3-5-11　转炉投料 CRT 设定值界面

(2) 称量。数据设定之后，分别单击【称量(A)】、【称量(C)】、【称量(E)】可进行称量操作，称量值会显示到对应的实际称量值一行中(见图 3-5-12)。

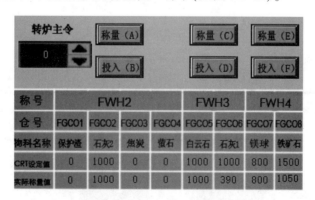

图 3-5-12　转炉投料实际称量值界面

(3) 投入。称量后，单击【投入(B)】，即可将所称量的料投入转炉，且设定值清零，以便进行新一组数据的设定(见图 3-5-13)。

称 号	FWH2				FWH3		FWH4	
仓 号	FGCO1	FGCO2	FGCO3	FGCO4	FGCO5	FGCO6	FGCO7	FGCO8
物料名称	保护渣	石灰2	备用	萤石	白云石	石灰1	镁球	铁矿石
CRT设定值	0	0	0	0	0	0	0	0
实际称量值	0	0	0	0	0	0	0	0

图 3-5-13　转炉投料完成后界面

7）吹炼准备

关闭挡火门，下降烟罩，准备吹炼。

3. 吹炼操作

1）降枪

单击【枪位设定】按钮或是单击枪位设定值下的文本框，会弹出如图 3-5-14 所示的【输入数据】对话框，进行枪位值的设定。

图 3-5-14　【输入数据】对话框

2）吹炼开始

单击冶炼操作中的【启动】按钮，即吹炼开始。

3）吹炼

吹氧 30 s 后，投入第二批称量料，从左至右，依次投入。开始吹氧之后每隔 1 min 降 1 次氧枪。正常炉况吹氧 3 min 后开渣。开渣的虚拟界面如图 3-5-15 所示。

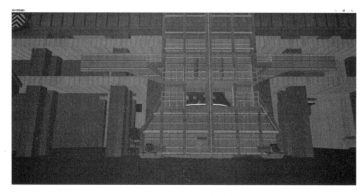

图 3-5-15　开渣的虚拟界面

吹炼过程中根据转炉冶炼炉况监控(0#)(见图 3-5-16)调整氧枪位置，加入铁矿石或者石灰。

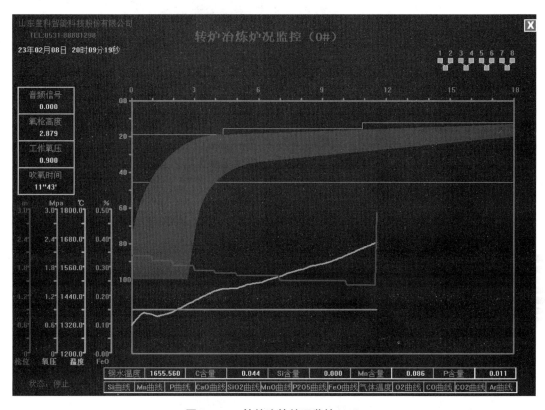

图 3-5-16　转炉冶炼炉况监控(0#)

4)测温取样

单击【测温取样】按钮，开始进行测温取样操作。当测温取样结束后，可单击【取样结果】按钮，查看取样结果。【取样结果】对话框如图 3-5-17 所示。要记录查看结果的时间。

图 3-5-17　【取样结果】对话框

5)终点控制

当判断成分合适、温度合适、碳含量合适时，高提氧枪，打开挡火门。温度、碳含量和磷含量可根据计划表来确定。

6）吹炼结束

单击【吹炼结束】按钮，结束吹炼。单击【吹炼结果】按钮，可查看吹炼结果。吹炼结果如图 3-5-18 所示。

图 3-5-18　吹炼结果

4. 出钢

1）加料量计算

根据冶炼结果计算需要加入的碳包量、高锰量、硅铁量和铝量。

2）出钢操作

(1) 钢包车进站。单击【出钢侧操作】和【转炉操作 F3】按钮可切换画面。单击【进站】按钮，让钢包车进站，【进站】将变为绿色选中状态（见图 3-5-19）。到限位时，【进站限位】将变为选中状态，【进站】将变为红色未选中状态（见图 3-5-20）。钢包车进站的虚拟界面如图 3-5-21 所示。

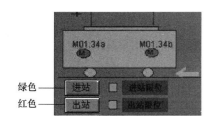

图 3-5-19　钢包车进站显示界面

图 3-5-20　钢包车进站限位显示界面

图 3-5-21　钢包车进站的虚拟界面

（2）转炉投料（投入合金）。单击转炉操作界面（见图 3-5-22）中的【转炉投料 F3】按钮，即可进入合金投料界面（见图 3-5-23）。

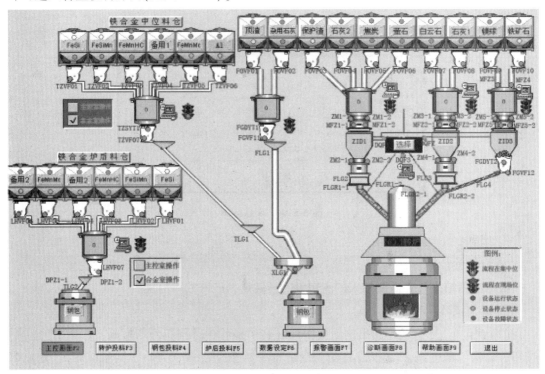

图 3-5-22　转炉操作界面

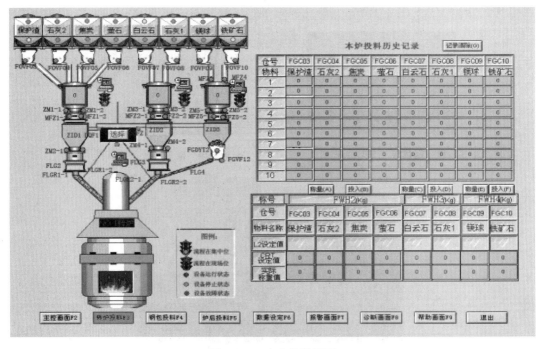

图 3-5-23　合金投料界面

单击【转炉投料 F3】按钮，称量合金，单击【退出】按钮。当摇炉角度达到−80°时出钢，单击【转炉投料 F3】按钮，必须依次加入 Al、FeSi、FeMnHi，单击【退出】按钮。当碳含量过低时，需在辅机操作中加碳粉。

（3）出站。当摇炉角度回正到 0°时，单击【出站】按钮，让钢包车出站，【出站】将变为绿色选中状态（见图 3-5-24）。到限位时，【出站限位】将变为绿色选中状态，【出站】将变为红色未选中状态（见图 3-5-25）。钢包车出站的虚拟界面如图 3-5-26 所示。

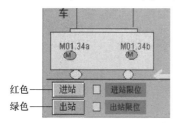

图 3-5-24　钢包车出站显示界面

图 3-5-25　钢包车出站限位显示界面

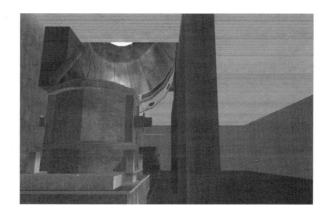

图 3-5-26　钢包车出站的虚拟界面

5. 溅渣护炉

单击【溅渣护炉】按钮，关闭挡火门，设定合适的枪位值：2 100；单击【启动】按钮，开始吹氮，吹氮时间 2 min；单击【高提】按钮高提氧枪。溅渣护炉的虚拟界面如图 3-5-27 所示。

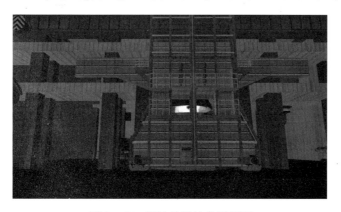

图 3-5-27　溅渣护炉的虚拟界面

6. 出渣操作

1）渣包车进站

单击【出渣侧操作】按钮，再单击【进站】按钮，让渣包车进站，【进站】将变为绿色选中状态（见图3-5-28）。到限位时，【进站限位】将变为绿色选中状态，【进站】将变为红色未选中状态（见图3-5-29）。渣包车进站的虚拟界面如图3-5-30所示。

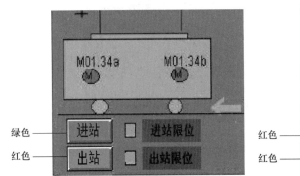

图 3-5-28　渣包车进站显示界面

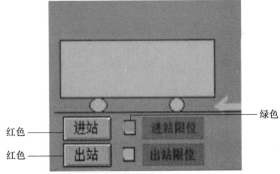

图 3-5-29　渣包车进站限位显示界面

图 3-5-30　渣包车进站的虚拟界面

2）倒渣

渣包车进站，摇炉角度调整为140°进行倒渣，倒渣完毕后摇炉角度调整为44°~60°。

3）渣包车出站

单击【出站】按钮，让渣包车出站，【出站】将变为绿色选中状态（见图3-5-31）。到限位时，【出站限位】将变为绿色选中状态，【出站】将变为红色未选中状态（见图3-5-32）。渣包车出站的虚拟界面如图3-5-33所示。

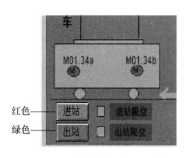

图 3-5-31 渣包车出站显示界面

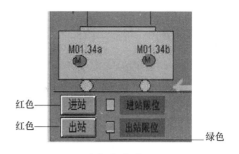

图 3-5-32 渣包车出站限位显示界面

图 3-5-33 渣包车出站的虚拟界面

7）炉次结束

渣包车出站，按虚拟 F1，切换画面，打开挡火门，单击【炉次结束】按钮，会弹出如图 3-5-34 所示【冶炼结果】对话框，本炉次就结束了，可进入到下一炉次的操作。

图 3-5-34 【冶炼结果】对话框

三、配置清单

钢铁生产仿真实训系统配置清单见表 3-5-1 所列。

表 3-5-1 钢铁生产仿真实训系统配置清单

序号	名称	功能规格及技术参数
1	上位机监控画面	画面有本体主画面、氧枪横移画面、转炉辅助设备画面、转炉投料画面、钢包投料画面、炉况监控曲线画面，通过界面完成一炉钢冶炼操作； 主操作画面主要用来控制氧枪升降、挡火门开闭、加废钢、兑铁水、氧气压力调整、底吹氮气流量调整、开始吹炼、结束吹炼、TSC 测温取样及结果显示、TSO 测温取样及结果显示； 氧枪操作画面主要用来控制换氧枪操作、氧枪小车的移动和锁定，以及控制氧枪下降到待吹位； 转炉辅助设备画面主要用来控制转炉的倾动、钢包车的进退、渣包车的进退和旋转溜槽的旋转； 转炉投料画面主要用来完成辅料称量和辅料投入操作，查看辅料累计投入情况； 钢包投料画面主要用来完成合金称量和合金投入操作(脱氧剂、增碳剂及硅锰等合金的称量投入)，查看合金累计投入情况； 炉况监控曲线画面主要用来在吹炼过程中实时显示钢水成分(C、Si、Mn、P)、钢渣成分(FeO、MgO)、烟气成分(CO)、钢水的温度及枪位的实时变化曲线
2	工艺模型	物理模型：转炉倾动控制、氧枪升降控制、氧枪横移控制、钢包车和渣包车控制等基础操控； 工艺模型包括冶炼过程动态计算模型和脱氧合金化模型。其中，过程动态计算模型包括物料平衡和热平衡模型、吹炼模型(脱 C、脱 Si、脱 Mn、脱 P、钢水温度变化)、底吹模型、炉渣模型(开渣判断、渣碱度、渣中 FeO 变化、渣中 MgO 变化)和异常情况模型(喷溅、返干、溢渣)；脱氧合金化模型包括根据加入的脱氧剂计算游离氧脱除情况，根据止吹钢水成分和加入的合金量计算成品钢成分
3	3D 虚拟仿真场景	3D 虚拟仿真场景主要用来对操作动作及生产情况进行实时反馈，其可自由切换主视角、吹炼视角、出钢视角、挡渣视角、出渣视角、钢包车视角和渣包车视角。 模拟的设备：行车、铁水包、废钢斗、转炉炉体、挡火门、除尘烟罩、钢包台车、渣包台车、氧枪、旋转溜槽； 完成的动作：进废钢、兑铁水、转炉倾动、挡火门开关、除尘烟罩升降、钢包台车控制、渣包台车控制、氧枪升降、测温取样 TSC 和 TSO； 得到的效果：出钢钢流，出渣效果，加料和加合金烟雾效果，炉口火焰发光效果，喷溅、返干和溅渣效果

（续表）

序号	名称		功能规格及技术参数
4	管理	超级管理员	个人信息维护：重新登录、锁定、解锁、密码设置
			基础信息维护：管理员维护，注册、修改、删除管理员
			系统设置：数据库维护，备份、还原、清除数据库
		管理员	个人信息维护：重新登录、锁定、解锁、密码设置
			基础信息维护：学生信息维护、钢水信息维护、铁水信息维护、辅原料信息维护、合金信息维护和废钢信息维护
			任务管理：任务下达，可选择不同的钢种、铁水，设置铁水和废钢装入量等；任务分配，将设定的计划分配给指定的人员
		普通用户	考核查询：报表查询，可根据指定信息查询报表，报表可查看权限范围内所有操作者的操作情况，如分数、操作记录、扣分点及分值等
			个人信息维护：重新登录、锁定、解锁、密码设置
			考核查询：报表查询，可根据指定信息查询报表，报表可查看分数、计划信息、吹炼结果、冶炼结果、加料情况、成本计算、曲线信息、操作记录、扣分记录等
			选择项目名，打开实训考核，启动程序

仿真软件简介六　电解铝生产仿真实训系统

一、电解铝生产仿真实训系统概述

电解铝生产仿真实训系统应用 3D max 软件以真实电解铝生产厂为原型，建立高精度虚拟环境，并辅以二/三维动画、现场照片与视频，令使用者在操作该系统时仅通过鼠标、键盘的控制，就能以第一人称视角、第三人称视角等多角度查看电解铝生产厂的布局、虚拟控制生产过程，掌握生产原理，详细直观地认识电解槽的阳极系统、阴极系统、上部结构和母线结构。电解铝生产仿真实训系统全流程模拟换阳极、熄效应、抬母线、出铝等作业，效果逼真、鲜明，供用户了解电解铝各环节。

扫一扫　看视频

二、电解铝生产仿真实训系统操作（附操作视频）

1. 登录界面

电解铝生产仿真实训系统登录前和登录后的界面如图 3-6-1、图 3-6-2 所示。

图 3-6-1　电解铝生产仿真实训系统登录前的界面

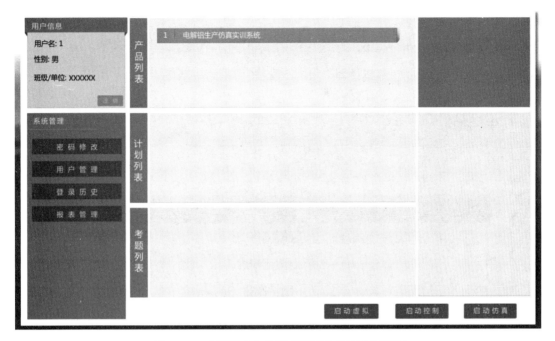

图 3-6-2 电解铝生产仿真实训系统登录后的界面

2. 控制系统

1）计划查看和选择

（1）登录后，在界面的产品列表中选择"电解铝生产仿真实训系统"，产品列表右边的文本框显示了产品的简介，产品列表下方的计划列表中显示了可选择的计划信息（见图 3-6-3）。

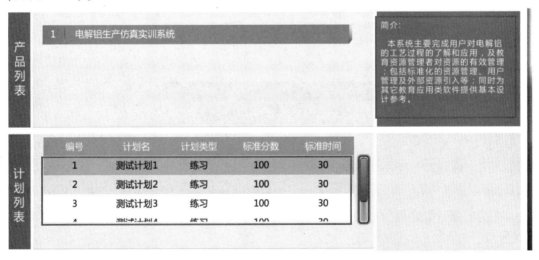

图 3-6-3 计划信息

（2）单击计划列表中的某条计划，可在下方考题列表中查看该计划的所有考题信息（见图 3-6-4）。

编号	计划名	计划类型	标准分数	标准时间
2	测试计划2	练习	100	30
3	测试计划3	练习	100	30
4	测试计划4	练习	100	30
5	测试计划5	练习	300	90

计划列表

编号	考题类型	考题名称
1	换阳极作业	换阳极操作
2	熄效应作业	熄效应操作
3	出铝作业	出铝操作

考题列表

图 3-6-4　考题信息

(3)单击考题列表中的某条考题，可在右边的文本框里查看该考题的详细信息(见图 3-6-5)。

编号	计划名	计划类型	标准分数	标准时间
2	测试计划2	练习	100	30
3	测试计划3	练习	100	30
4	测试计划4	练习	100	30
5	测试计划5	练习	300	90

计划列表

当前考题无详细信息。

编号	考题类型	考题名称
1	换阳极作业	换阳极操作
2	熄效应作业	熄效应操作
3	出铝作业	出铝操作

考题列表

图 3-6-5　考题的详细信息

(4)选择好计划之后，单击下方的【启动仿真】按钮(见图 3-6-6、图 3-6-7)，进入考核系统所示。

产品名称：电解铝生产仿真实训系统
计划名称：测试计划1

启动虚拟　　启动控制　　启动仿真

图 3-6-6　单击【启动仿真】按钮

槽号	温度状态	槽状态	槽操作	加料状态	设定/目标电压	当前电压	震动	氧化铝	N8时刻	N8间隔	A8总量	最近一次A8/00	自动A	自动B	自动C	过欠	目标累计	电流
0001				N1	3990/3990	3.973		50	11:26	30/30	480	131126/00					265/277	329000
0002				N1	3990/3990	3.990		50	11:26	30/30	480	131126/00					265/277	329000
0003				N1	3990/3990	3.990		50	11:26	30/30	480	131126/00					265/277	329000
0004				N1	3990/3990	3.990		50	11:26	30/30	480	131126/00					265/277	329000
0005				N1	3990/3990	3.990		50	11:26	30/30	480	131126/00					265/277	329000
0006				N1	3990/3990	3.990		50	11:26	30/30	480	131126/00					265/277	329000
0007				N1	3990/3990	3.990		50	11:26	30/30	480	131126/00					265/277	329000
0008				N1	3990/3990	3.990		50	11:26	30/30	480	131126/00					265/277	329000
0009				N1	3990/3990	3.990		50	11:26	30/30	480	131126/00					265/277	329000
0010				N1	3990/3990	3.990		50	11:26	30/30	480	131126/00					265/277	329000
0011				N1	3990/3990	3.990		50	11:26	30/30	480	131126/00					265/277	329000
0012				N1	3990/3990	3.990		50	11:26	30/30	480	131126/00					265/277	329000
0013				N1	3990/3990	3.990		50	11:26	30/30	480	131126/00					265/277	329000
0014				N1	3990/3990	3.990		50	11:26	30/30	480	131126/00					265/277	329000
0015				N1	3990/3990	3.990		50	11:26	30/30	480	131126/00					265/277	329000
0016				N1	3990/3990	3.990		50	11:26	30/30	480	131126/00					265/277	329000
0017				N1	3990/3990	3.990		50	11:26	30/30	480	131126/00						
0018				N1	3990/3990	3.990		50	11:26	30/30	480	131126/00						
0019				N1	3990/3990	3.990		50	11:26	30/30	480	131126/00						
0020				N1	3990/3990	3.990		50	11:26	30/30	480	131126/00						
0021				N1	3990/3990	3.990		50	11:26	30/30	480	131126/00						
0022				N1	3990/3990	3.990		50	11:26	30/30	480	131126/00						

系列电流 329.00(KA) 系列电压 87.76(V)

图 3-6-7 电解铝生产仿真实训系统的主界面

2）行车控制

电解铝生产仿真实训系统的行车操作箱界面如图 3-6-8 所示，通过行车操作箱对行车进行操作。

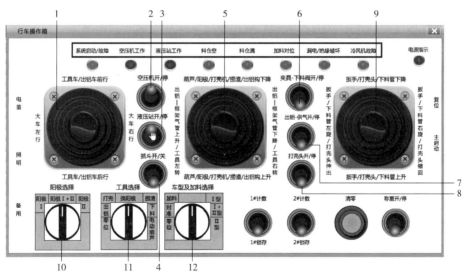

图 3-6-8 电解铝生产仿真实训系统的行车操作箱界面

行车操作箱上的控制对象包括大车、工具车、出铝车、空压机、液压站、抓斗、葫芦、阳极、打壳机、捞渣、出铝钩、出铝-框架气管、夹具-下料阀、出铝-供气、打壳头、扳手、下料管、阳极选择、工具选择、车型及加料选择等。

（1）通过图 3-6-8 中的手柄 1 的左右掰动可以控制虚拟界面中大车的左行和右行。

（2）打开液压站 3 的开关，当图 3-6-8 中的工具选择为非零位或出铝时，上下掰动手柄 1，虚拟界面中工具车会前后移动；当图 3-6-8 中的工具选择为出铝时，上下掰动手柄虚拟界面中出铝车会前后移动。

（3）通过操作图 3-6-8 中空压机 2 和液压站 3 的开关可以对应打开或者关闭空压机和液压站，上方的指示灯会亮起或者熄灭。

（4）打开液压站 3 的开关，通过操作图 3-6-8 中抓手 4 的开关可以打开或者关闭虚拟界面中工具车捞渣工具下端的抓斗。

（5）打开液压站 3 的开关，通过操作图 3-6-8 中的手柄 5 和工具选择 11 的开关可以控制不同工具的动作。

①当工具选择为零位时，上下掰动手柄 5 无效果，左右掰动手柄 5 可控制虚拟界面中母线提升机的钩子上下移动。

②当工具选择为出铝时，上下掰动手柄 5 可以控制虚拟界面中出铝钩上下移动，左右掰动手柄 5 无效果。

③当工具选择为打壳时，上下掰动手柄 5 可以控制虚拟界面中工具车上的打壳机工具上下移动，左右掰动手柄 5 无效果。

④当工具选择为换阳极时，上下掰动手柄 5 可以控制虚拟界面中工具车上的阳极工具上下移动，左右掰动手柄 5 无效果。

⑤当工具选择为捞渣时，上下掰动手柄 5 可以控制虚拟界面中工具车上的捞渣工具上下移动，左右掰动手柄 5 无效果。

⑥当工具选择为下料时，上下掰动手柄 5 和左右掰动手柄 5 均无效果。

⑦当工具选择为电动葫芦时，上下掰动手柄 5 和左右掰动手柄 5 均无效果。

（6）打开液压站 3 的开关，当图 3-6-8 中的工具选择为换阳极时，通过操作夹具下料阀 6 的开关可控制工具车上阳极工具下端夹具的打开和关闭；当图 3-6-8 中的工具选择为下料时，通过操作夹具下料阀 6 的开关可控制工具车上下料管工具开始下料和停止下料。

（7）打开液压站 3 的开关，当图 3-6-8 中的工具选择为出铝时，通过操作出铝供气 7 的开关可以控制出铝抬包的出铝吸管开始和停止吸取电解槽中的铝液。

（8）打开液压站 3 的开关，当图 3-6-8 中的工具选择为打壳时，通过操作打壳头 8 的开关可以控制工具车上打壳机工具末端打壳头开始和停止伸缩。

（9）打开液压站 3 的开关，通过操作图 3-6-8 中的手柄 9 和工具选择 11 的开关可以控制不同工具的动作。

①当工具选择为换阳极时，上下掰动手柄 9 可以控制虚拟界面中工具车阳极工具上的扳手上下移动，左右掰动手柄 9 可以控制虚拟界面中工具车阳极工具上的扳手左旋和右旋。

②当工具选择为打壳时，上下掰动手柄 9 可以控制虚拟界面中工具车打壳机头部上升和下降，左右掰动手柄 9 无效果。

③当工具选择为下料时，上下掰动手柄 9 可以控制虚拟界面中工具车下料管上下移

动，左右掰动手柄9可控制虚拟界面中工具车下料管左旋和右旋。

（10）通过操作图 3-6-8 中的阳极选择 10 可以设定阳极选择情况。

（11）通过操作图 3-6-8 中的工具选择 11 可以设定当前的工具选择情况。

（12）通过操作图 3-6-8 中的车型及加料选择 12 可以设定当前的车型以及加料选择情况。

3）槽控机控制

每个电解槽对应一个槽控机，通过操作槽控机可以对电解槽的操作模式进行切换，还可以观察当前电解槽的相关数据。槽控机界面如图 3-6-9 所示。

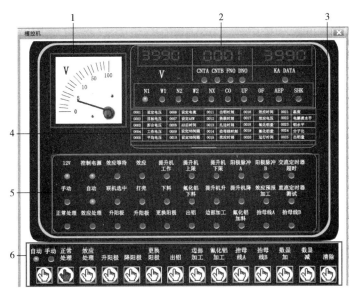

图 3-6-9　槽控机界面

（1）图 3-6-9 中的刻度盘 1 显示了当前的槽电压值。

（2）图 3-6-9 中的 2 为 3 个 LED 显示框，分别显示了当前的槽电压值、下方参数列表 4 中参数的编号和对应的值。

（3）图 3-6-9 中的 3 为当前的槽状态指示灯。

（4）图 3-6-9 中的 4 为槽控机上可以查看的参数列表。

（5）图 3-6-9 中的 5 为槽控机操作状态的指示灯。

（6）图 3-6-9 中的 6 为槽控机的可操作按钮，其包括自动和手动切换、正常处理、效应处理、升阳极、降阳极、更换阳极、出铝、边部加工、氟化铝加工、抬母线 A、抬母线 B、数显加、数显减、清除。

4）现场辅助

现场辅助界面（见图 3-6-10）主要是用来执行电解铝操作工艺中的手动操作。

（1）图 3-6-10 中的 1 为选择工具列表框，表中列举了电解铝操作工艺中需要用到的工具的名称。

（2）图 3-6-10 中的 2 为图片样式列举区域，当在选择工具列表框中选中某个工具时，该区域则会显示该工具的图片。

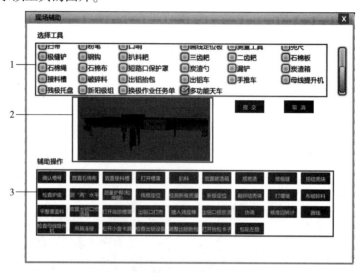

图 3-6-10 现场辅助界面

（3）图 3-6-10 中的 3 为系统中的 4 个操作需要用到的辅助操作，当条件满足时，单击对应的按钮，虚拟界面中会执行相应的动作。

每个电解铝操作流程都对应一套基础工具，当执行某个辅助操作时，若基础工具选择错误，则单击 3 中的任意按钮时会弹出对话框提示用户"基础工具选择错误！"（见图 3-6-11）。

图 3-6-11 "基础工具选择错误！"提示

5）提交

（1）当用户考核完毕并单击【提交】按钮时，系统会弹出对话框提示用户"确定提交吗？"（见图 3-6-12）。

图 3-6-12 "确定提交吗？"提示

（2）当系统考核时间到时，系统会自动弹出对话框提示用户"答题时间到，答题结束!"（见图3-6-13）。

图 3-6-13 "答题时间到，答题结束!"提示

（3）单击【确定】，系统弹出对话框提示用户的考核结果（见图3-6-14）。

图 3-6-14 考核结果提示

（4）单击【确定】，退出系统。

虚拟仿真一　火法制铜仿真模拟训练(冷态开车)

一、实训目的

- 了解现场生产安全管理的基本内容，学会发现问题并运用所学知识解决问题。
- 掌握火法制铜的基本工艺、冶炼原理和生产实践操作。

二、实训设备

东方仿真通用火法制铜仿真软件的登录界面如图 3-7-1 所示。

图 3-7-1　东方仿真通用火法制铜仿真软件的登录界面

三、实训内容

火法制铜仿真模拟训练——冷态开车。

四、实训步骤

(1)启动东方仿真通用火法制铜仿真软件，输入基本信息，单击【单机练习】按钮登录。

(2)按训练要求选择工艺及项目后启动项目。训练项目选择及启动界面如图 3-7-2 所示。火法制铜流程工艺总图界面如图 3-7-3 所示。

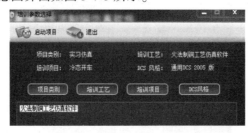

图 3-7-2　训练项目选择及启动界面

图 3-7-3　火法制铜流程工艺总图界面

（3）保持操作主界面在艾萨炉 DCS 控制界面（见图 3-7-4），必要时切换至现场操作界面（见图 3-7-5），现场操作完成后要返回艾萨炉 DCS 控制界面。

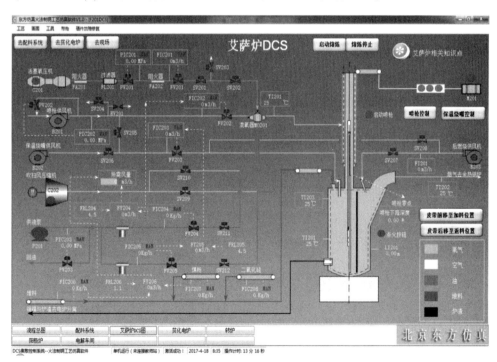

图 3-7-4　艾萨炉 DCS 控制界面

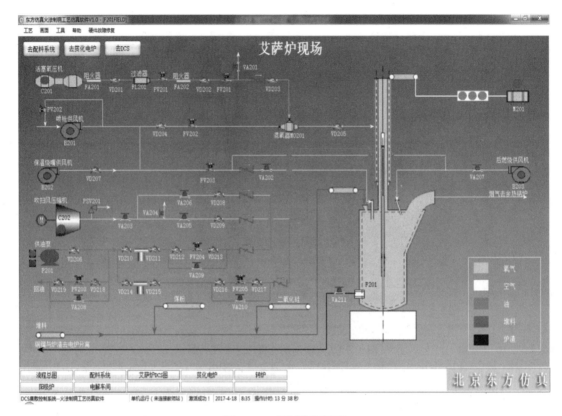

图 3-7-5　现场操作界面

（4）按工艺流程走向和设备操作要求逐步进行开车操作。随时关注已开车设备的运行状况。调整所有技术条件在要求范围并保持稳定。

（5）完成全流程冷态开车后可以在操作质量评分系统里浏览查看操作完成情况和得分情况。

（6）训练结束后退出操作系统，关闭计算机，整理电脑桌，打扫仿真实训室卫生。

五、实训效果分析与讨论

对火法制铜冷态开车仿真模拟训练的过程和效果进行分析、讨论，对模拟训练过程中出现的异常情况和异常数据进行分析总结。

六、思考题

完成仿真软件里设置的思考题，并提交实训报告。

七、相关知识

（1）火法制铜的工艺流程如图 3-7-6 所示。

（2）火法制铜的冶炼原理简述。火法制铜包括原料预处理、熔炼、吹炼、精炼等工序，其以硫化铜精矿为主要原料。熔炼主要是造锍熔炼，目的是使铜精矿中的部分铁氧化与脉石、熔剂等造渣后去除，产出含铜较高的冰铜；吹炼能够消除烟害，回收精矿中的硫；精炼分为火法精炼和电解精炼。火法精炼是利用某些杂质对氧的亲和力大于铜，且其氧化物又不溶于铜液等性质，氧化造渣或挥发将其除去的方法。

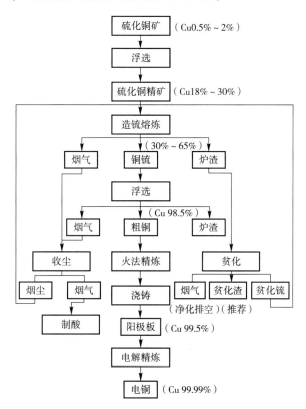

图 3-7-6　火法制铜的工艺流程

（3）安全生产的原则。

①以人为本，安全第一。将保障员工的人身安全和身体健康、最大限度预防和减少生产事故的发生作为首要任务。切实加强车间员工的安全防范意识，充分发挥人的主观能动性。

②统一领导，分级负责。车间各级管理人员按照各自职责和权限，负责有关安全生产的监督管理工作，车间员工应履行车间的规定。

③贯彻落实好"安全第一，预防为主"的方针。做好预防、预警和预报工作，做好正常生产状态下的安全报警、预案演练、机制完善等工作。

虚拟仿真二　湿法制铜仿真模拟训练（冷态开车）

一、实训目的

- 了解现场生产安全管理的基本内容，学会发现问题并运用所学知识解决问题。
- 掌握湿法制铜的基本工艺、冶炼原理和生产实践操作。

二、实训设备

东方仿真通用火法制铜仿真软件的登录界面如图 3-8-1 所示。

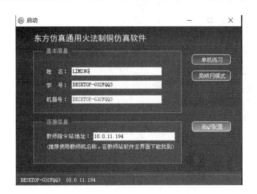

图 3-8-1　东方仿真通用火法制铜仿真软件的登录界面

三、实训内容

湿法制铜仿真模拟训练——冷态开车。

四、实训步骤

(1)启动湿法冶金仿真软件，单击【单机练习】按钮登录。

(2)按训练要求选择工艺及项目后启动项目。训练项目选择及启动界面如图 3-8-2 所示。

图 3-8-2　训练项目选择及启动界面

（3）保持操作主界面在 DCS 控制界面（见图 3-8-3），必要时切换至现场操作界面，现场操作完成后返回 DCS 控制界面。配料系统现场操作界面如图 3-8-4 所示。

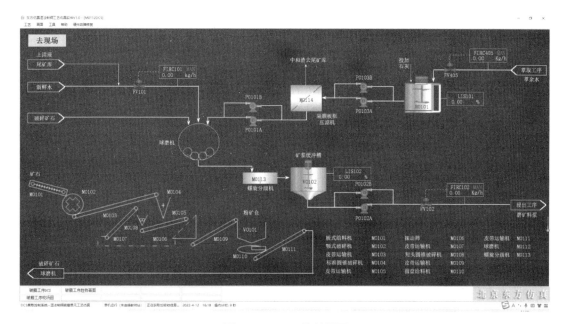

图 3-8-3 DCS 控制界面

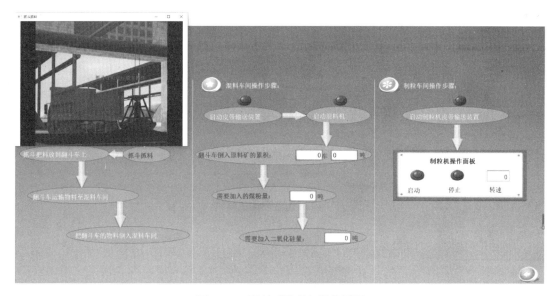

图 3-8-4 配料系统现场操作界面

（4）按工艺流程走向和设备操作要求逐步进行开车操作。随时关注已开车设备的运行状况，调整控制所有技术条件在要求范围内并保持稳定。

（5）完成全流程冷态开车后可以在操作质量评分系统里浏览查看操作完成情况和得分情况。

（6）训练结束后退出操作系统，关闭计算机，整理电脑桌，打扫仿真实训室卫生。

五、实训效果分析与讨论

对湿法制铜冷态开车仿真模拟训练的过程和效果进行分析、讨论，对模拟训练过程中出现的异常情况和异常数据进行分析总结。

六、思考题

影响湿法制铜产品(电铜)质量的因素有哪些？（具体从原料成分与性质、各单元过程技术条件控制等方面分析）

七、相关知识

湿法炼铜是指利用溶剂将铜矿、精矿或焙砂中的铜溶解出来，再进一步分离、富集提取的方法。湿法制铜的流程如图 3-8-5 所示。

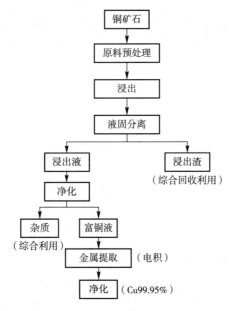

图 3-8-5　湿法制铜的流程

虚拟仿真三 湿法制铜仿真模拟训练(异常工况)

一、实训目的

- 了解现场生产安全管理的基本内容,学会发现问题并运用所学知识解决问题。
- 掌握湿法制铜的基本工艺、冶炼原理和生产实践操作。

二、实训设备

东方仿真通用火法制铜仿真软件。

三、实训内容

湿法制铜异常工况仿真训练。

(1)可根据异常现象判断存在问题。

(2)合理、准确、快速处理(调整)工况至正常状态。

异常工况具体操作内容见表3-9-1。

表3-9-1 异常工况具体操作内容

工序	异常工况	处理措施
破磨	P0102 A 泵坏	启用备用泵(P0102 B)
	FV101 阀卡	启用旁路阀 VA101
浸出	浸出槽温度降低	各浸出槽蒸汽阀门开度扩大(20%~35%)
	浸出率降低	加大给酸量,减小给矿量
萃取	萃余水铜浓度高	增大萃取 O/A 流量比
	贫有机相铜浓度高	减小反萃 O/A 流量比
电积	铜表面出现烧斑	溶液夹带有机相大于 10 mg/L, T0501A 塔内活性炭失效; 启动 T0501 B 活性炭吸附塔,给 T0501 A 换新活性炭
	电积槽温度升高	调小 V 0501 槽蒸汽量(TV 501 阀门开度调小)

四、实训步骤

(1)启动湿法冶金仿真软件,依次启动各工序异常工况项目,在培训工艺里选择工序,在培训项目里选择异常工况项目。

(2)在操作界面观察异常工况现象,判断发生异常工况的原因。

(3)制定合理、准确的处理(调整)方案并进行处理(调整)。

(4)观察处理(调整)的效果。

（5）工况恢复至正常状态并稳定，结束项目。

（6）训练结束后退出操作系统，关闭计算机，整理电脑桌，打扫仿真实训室卫生。

五、实训效果分析与讨论

对湿法制铜异常工况仿真模拟训练的过程和效果进行分析、讨论，对模拟训练过程中出现的异常工况的现象、原因和处置措施进行分析总结。

六、思考题

如何及时发现异常工况？简述处理步骤。

虚拟仿真四 转炉制铜仿真模拟训练(正常生产)

一、实训目的

- 了解现场生产安全管理的基本内容,学会发现问题并运用所学知识解决问题。
- 掌握转炉炼铜的基本原理、物料平衡计算和生产实践操作。

二、实训设备

铜冶炼生产仿真实训管理系统。

三、实训内容

转炉制铜仿真模拟训练——正常生产。

四、实训步骤

(1)启动铜冶炼生产仿真实训管理系统,账号登录。铜冶炼生产仿真实训管理系统的登录界面如图 3-10-1 所示。

图 3-10-1 铜冶炼生产仿真实训管理系统的登录界面

(2)查看计划(见图 3-10-2),按照计划指标计算物料的进料量和进料比例。

有色金属智能冶金技术实验实训指导

图 3-10-2 查看计划

（3）在操作界面进行系统检查（见图 3-10-3），系统检查无误后开阀送风、送氧（见图 3-10-4），准备进料。

图 3-10-3 系统检查

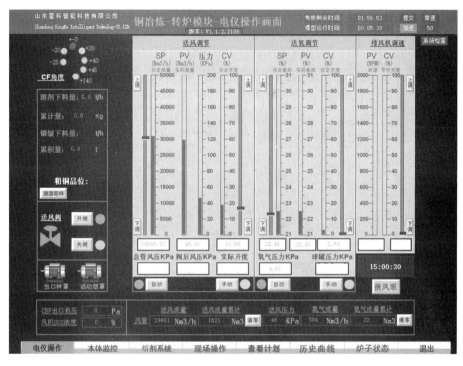

图 3-10-4　送风、送氧操作

（4）转动炉体至进料角度，按计算好的进料量及进料比例加入物料（见图 3-10-5）。

图 3-10-5　加入物料操作

有色金属智能冶金技术实验实训指导

（5）将炉体转回吹炼角度，按安全环保规范及时关闭挡门炉门，进行吹炼操作和熔剂操作（见图3-10-6、图3-10-7）。

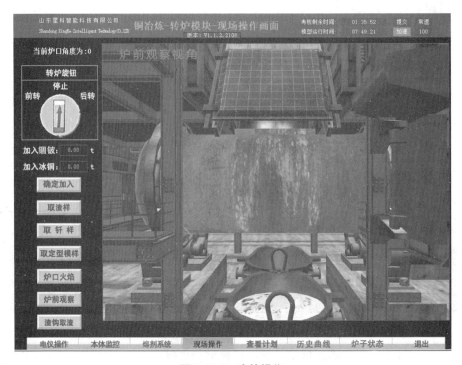

图 3-10-6　吹炼操作

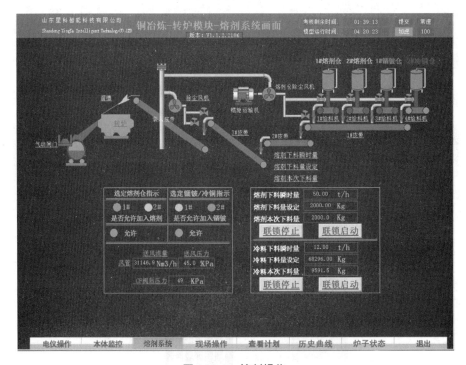

图 3-10-7　熔剂操作

(6)随时关注炉温、炉口火焰、风氧量和设备运行状况，调整控制所有技术条件在要求范围内并保持稳定，准确判断造渣终点，及时倒渣。倒渣时注意操作规范，保留适当厚度的渣层(见图3-10-8)。

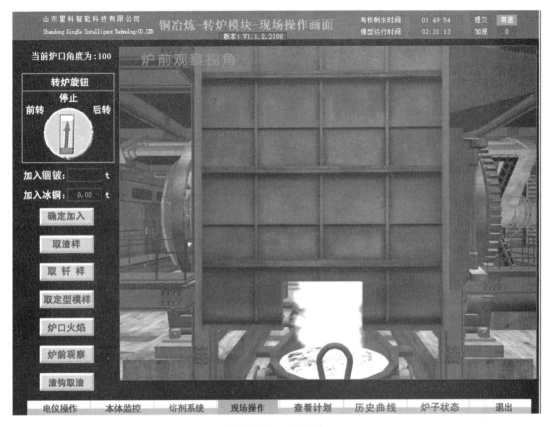

图 3-10-8 倒渣操作

(7)造渣期结束即进入造铜期。造铜期要随时关注炉温、炉口火焰、风氧量和设备运行状况，调整控制所有技术条件在要求范围内并保持稳定。可添加适量的冷铜控制炉温，通过取样和定型模样准确判断造铜期终点。

(8)达到造铜期终点应及时停氧，防止过吹，并按规范步骤提交，提交后可见评分报告。

(9)训练结束后退出操作系统，关闭计算机，整理电脑桌，打扫仿真实训室卫生。

五、实训效果分析与讨论

对转炉制铜正常生产仿真模拟训练的过程和效果进行分析、讨论，对模拟训练过程中出现的异常情况和异常数据进行分析总结。

六、思考题

进料量和进料比例怎么计算?

虚拟仿真五　阳极炉仿真模拟训练(正常生产)

一、实训目的

- 了解现场生产安全管理的基本内容,学会发现问题并运用所学知识解决问题。
- 掌握阳极炉精炼的基本原理、物料平衡计算和生产实践操作。

二、实训设备

阳极炉生产仿真实训系统。

三、实训内容

阳极炉仿真模拟训练——正常生产。

四、实训步骤

(1)启动阳极炉生产仿真实训系统,账号登录。阳极炉生产仿真实训系统的登录界面如图 3-11-1 所示。

图 3-11-1　阳极炉生产仿真实训系统的登录界面

(2)查看计划,按照计划指标计算物料的进料量和进料比例。

(3)在操作界面进行系统检查(见图 3-11-2),系统检查无误后设定天然气流量值,启动烧嘴(见图 3-11-3)。

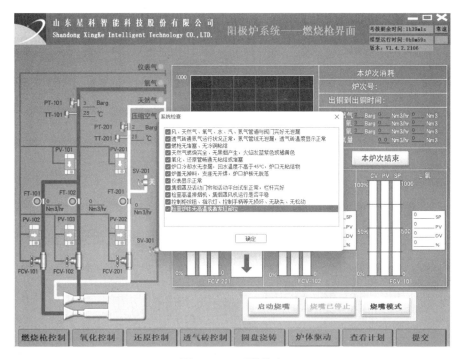

图 3-11-2 系统检查

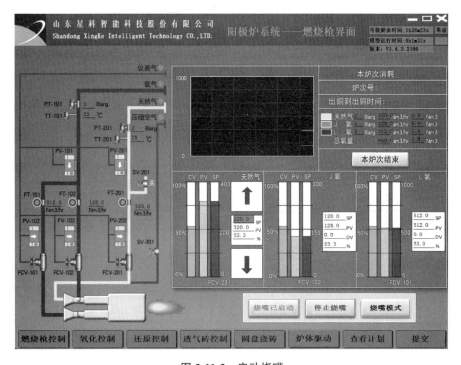

图 3-11-3 启动烧嘴

（4）透气砖控制（进料期#1），在炉体驱动界面打开挡门、炉门，提起炉前平台，转动炉体至进料角度，按计算好的进料量和进料比例加入物料（见图 3-11-4）。

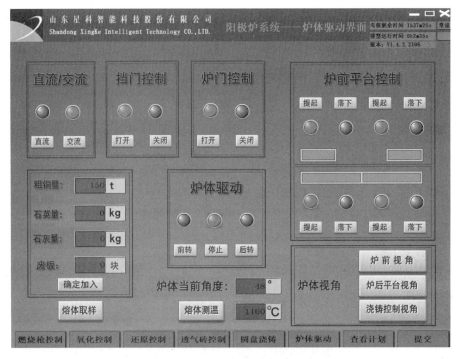

图 3-11-4 加入物料操作

（5）将炉体转回氧化角度，按安全环保规范及时关闭挡门、炉门，进行氧化精炼操作（见图 3-11-5）。

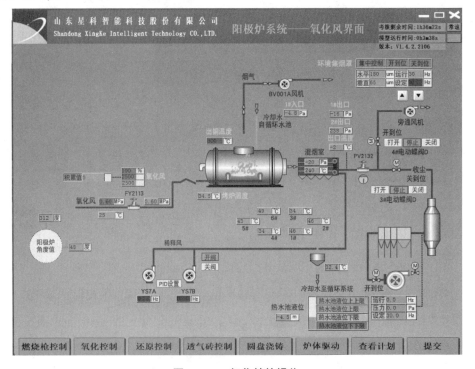

图 3-11-5 氧化精炼操作

（6）随时关注炉温、查看熔体取样情况（见图 3-11-6）和设备运行状况，调整控制所有技术条件在要求范围内并保持稳定，准确判断氧化期终点，及时排渣。在氧化期要完成充粉操作（见图 3-11-7），为还原期操作做好准备。

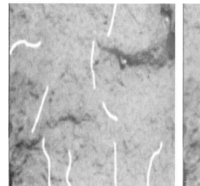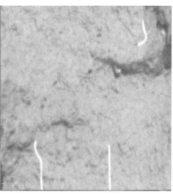

图 3-11-6　氧化期熔体取样情况——硫线逐渐减少至消失

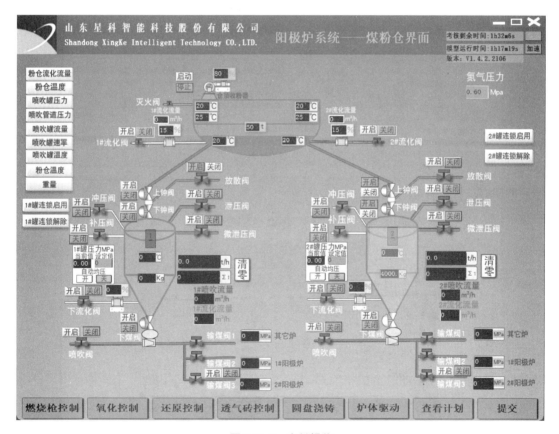

图 3-11-7　充粉操作

（7）排渣时注意操作规范，防止倒出铜液（见图 3-11-8）。

图 3-11-8　排渣操作

（8）排渣结束进入还原期，转动炉体至还原角度，随时关注炉温、查看熔体取样情况（见图 3-11-9）和设备运行状况，调整控制所有技术条件在要求范围内并保持稳定，准确判断还原期终点，及时关闭下煤阀。

图 3-11-9　还原操作过程熔体取样

（9）后转炉体视角为浇铸控制视角，进行圆盘浇铸（见图 3-11-10），单击每块阳极板查看对应参数并按规范进行标记。浇铸完成后提交可查看评分报告。

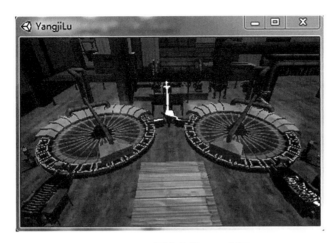

图 3-11-10　圆盘浇铸——出铜

（10）训练结束后退出操作系统，关闭计算机，整理电脑桌，打扫仿真实训室卫生。

五、实训效果分析与讨论

对阳极炉正常生产仿真模拟训练的过程和效果进行分析、讨论，对模拟训练过程中出现的异常情况和异常数据进行分析总结。

六、思考题

影响精炼铜铜含量的因素有哪些？

虚拟仿真六 转炉炼钢仿真模拟训练(正常生产)

一、实训目的

- 了解现场生产安全管理的基本内容,学会发现问题并运用所学知识解决问题。
- 掌握转炉炼钢的基本原理、物料平衡计算和生产实践操作。

二、实训原理

装废钢兑铁水,下降氧枪,由炉口上方加入第一批渣料和铁矿石,当氧枪降至规定枪位时,吹炼正式开始。当氧流与熔池面接触时,硅、锰、碳开始氧化,称为点火。点火后的几分钟,初渣形成并覆盖在熔池表面。随着硅、锰、磷、碳的氧化,熔池温度升高,火焰亮度增加,炉渣起泡,并有小铁粒从炉口喷溅出来,此时应适当降低氧枪高度。随着吹炼时间进行,硅、锰、磷、含碳量大大降低,脱碳反应减弱,火焰变短而透明。根据火焰状况,供氧数量和吹炼时间等因素,当钢水成分(碳、硫、磷)和温度符合终点要求确定吹炼终点,并提枪停止供氧,倒炉挡渣出钢。在出钢过程中向钢包内加入铁合金进行脱氧和合金化。出完钢后,加入调渣剂调整炉渣成分,并进行溅渣护炉,倒完残余炉渣,堵出钢口,一炉钢冶炼完毕。

三、实训设备

炼钢生产虚拟仿真实训系统。

四、实训内容

炼钢生产虚拟仿真实训系统——正常生产。

五、实训步骤

(1)启动炼钢生产虚拟仿真实训系统,账号登录。

(2)查看计划,按照计划指标计算物料的进料量与进料比例。

(3)在操作界面(见图3-12-1)进行系统检查,系统检查无误后进行初始化设置。

(4)转动炉体进行加入物料操作,先加废钢(见图3-12-2),再加铁水(见图3-12-3)。

(5)根据进料量进行备料设定,关闭挡火门。

(6)进行降枪、点火、加料,开始冶炼,3 min左右进行开渣(见图3-12-4)。

(7)随时关注炉况和设备运行状况,调整控制所有技术条件在要求范围内并保持稳定,测温取样,准确判断成分、温度、碳含量,高提氧枪,打开挡火门,冶炼结束。

（8）根据冶炼结果计算加入的碳包量、高锰量、硅铁量和铝量。

（9）单击出钢侧操作和转炉操作切换画面，钢包车进站。转炉投料，摇炉出钢。

（10）摇炉回正，溅渣护炉。

（11）单击出渣侧操作，渣包车进站，摇炉角度调整为140°进行倒渣，倒渣完毕后摇炉角度调整为44°~60°，渣包车出站。

（12）打开挡火门，单击炉次结束。

（13）查看报表。

（14）训练结束后退出操作系统，关闭计算机，整理电脑桌，打扫仿真实训室卫生。

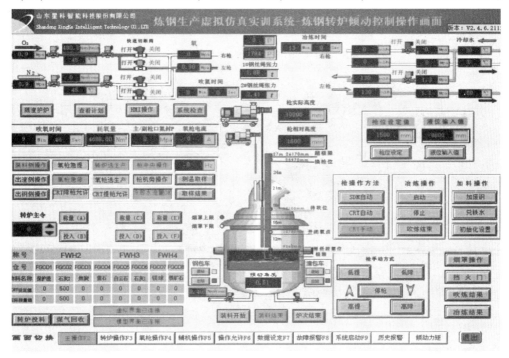

图 3-12-1　操作界面

图 3-12-2　加废钢的虚拟界面

图 3-12-3　加铁水的虚拟界面

图 3-12-4　开渣的虚拟界面

六、思考题

影响转炉炼钢的因素有哪些。

虚拟仿真七　转炉炼钢仿真模拟训练(异常工况)

一、实训目的

- 了解常见的转炉炼钢异常工况。
- 掌握转炉炼钢异常工况的处理方法。

二、实训原理

装废钢兑铁水,下降氧枪,由炉口上方加入第一批渣料和铁矿石,当氧枪降至规定枪位时,吹炼正式开始。当氧流与熔池面接触时,硅、锰、碳开始氧化,称为点火。点火后的几分钟,初渣形成并覆盖在熔池表面。随着硅、锰、磷、碳的氧化,熔池温度升高,火焰亮度增加,炉渣起泡,并有小铁粒从炉口喷溅出来,此时应适当降低氧枪高度。随着吹炼时间进行,硅、锰、磷、含碳量大大降低,脱碳反应减弱,火焰变短而透明。根据火焰状况,供氧数量和吹炼时间等因素,当钢水成分(碳、硫、磷)和温度符合终点要求确定吹炼终点,并提枪停止供氧,倒炉挡渣出钢。在出钢过程中向钢包内加入铁合金进行脱氧和合金化。出完钢后,加入调渣剂调整炉渣成分,并进行溅渣护炉,倒完残余炉渣,堵出钢口,一炉钢冶炼完毕。

三、实训设备

炼钢生产虚拟仿真实训系统。

四、实训内容

炼钢生产虚拟仿真实训系统——异常工况。

(1)喷溅。

(2)返干。

五、实训步骤

(1)启动炼钢生产虚拟仿真实训系统,账号登录。

(2)查看计划,按照计划指标计算物料的进料量与进料比例。

(3)在操作界面进行系统检查,系统检查无误后进行初始化设置。

(4)转动炉体进行加入物料操作,先加废钢,再加铁水。

(5)根据进料量进行备料设定,关闭挡火门。

(6)进行降枪、点火、加料,开始冶炼。

(7)随时关注炉况和设备运行状况。出现返干(见图3-13-1)应提高枪位,并分批加入铁矿石和第二批渣料，若炉内化渣不好则加入第三批渣料。出现喷溅（见图3-13-2）应降低枪位，加入石灰。

图 3-13-1　返干

图 3-13-2　喷溅

（8）准确判断成分、温度、碳含量，高提氧枪，打开挡火门，冶炼结束。

（9）根据冶炼结果计算加入的碳包量、高锰量、硅铁量和铝量。

（10）单击出钢侧操作和转炉操作切换画面，钢包车进站。转炉投料，摇炉出钢。

（11）摇炉回正，溅渣护炉。

（12）单击出渣侧操作，渣包车进站，摇炉角度调整为 140° 进行倒渣，倒渣完毕后摇炉角度调整为 44°~60°，渣包车出站。

（13）打开挡火门，单击炉次结束。

（14）查看报表。

（15）训练结束后退出操作系统，关闭计算机，整理电脑桌，打扫仿真实训室卫生。

六、思考题

转炉炼钢产生异常工况的因素有哪些。

虚拟仿真八　电解铝换阳极仿真模拟实训

一、实训目的

- 了解仿真生产实践操作具体步骤。
- 掌握电解铝换阳极的原理。

二、实训原理

铝电解是冶炼铝的一种方法，其主要内容是电解熔融的氧化铝。

以炭块作为阴阳两极。在电解过程中阳极发生的主要反应如下：

$$C+2O_2-4e \Longrightarrow CO_2$$

阳极在发生主反应的同时，还伴随着一系列副反应，具体如下：

$$2Al+3CO_2 \Longrightarrow Al_2O_3+3CO$$

此外，由于炭在阳极散落掉渣，因此分离后炭渣会飘浮在电解质表面。当 CO_2 与这些炭渣接触时，会发生还原反应而生成一氧化碳，即

$$C+CO_2 \Longrightarrow 2CO$$

也就是说，在电解过程中阳极炭参与电化学反应，因此必须定期进行阳极的更换，以保证电解的正常进行。

三、实训设备

电解铝生产虚拟仿真实训系统。

四、实训内容

电解铝生产虚拟仿真实训系统——换阳极。

五、实训步骤

（1）打开电解铝生产虚拟仿真实训系统，登录账号。电解铝生产虚拟仿真实训系统的登录界面如图 3-14-1 所示。

图 3-14-1　电解铝生产虚拟仿真实训系统的登录界面

（2）查看计划，如图 3-14-2 所示。

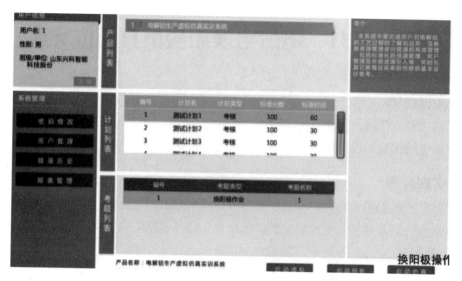

图 3-14-2　查看计划

（3）启动仿真模拟。

（4）在现场辅助界面进行基础工具选择并提交（见图 3-14-3）。电解铝换阳极操作所需基础工具有手套、围裙、护袖、呼吸防护用品、大面罩、隔热靴、安全帽、工作服等。

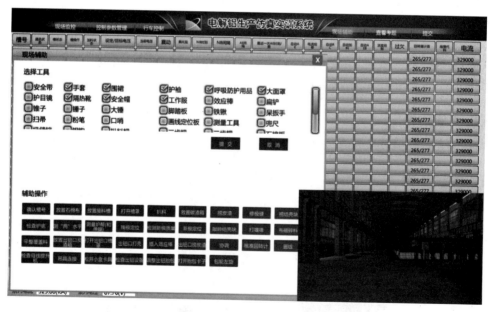

图 3-14-3　现场辅助界面

（5）确认槽号。电解铝确认槽号所需的工具有基础工具、粉笔和画线定位板。在现场辅助界面，选择对应的工具并提交，然后将虚拟界面的视角移动到第一个电解槽上，执行此操作后可看见标有当前日期的两个残极导杆。

（6）放置石棉布。在现场辅助界面，选择对应的工具并提交，可在虚拟界面对应的位置看到一块石棉布出现。

（7）放置接料槽。在现场辅助界面，选择对应的工具并提交，可在虚拟界面对应的位置看到石棉布上面放置了一个接料槽。

（8）升高电压。在槽控机界面（见图3-14-4）单击相应的按钮进行升高电压，然后切换为自动模式。

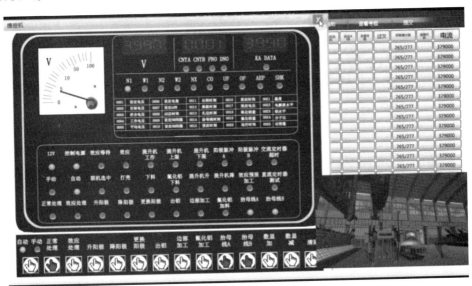

图3-14-4　槽控机界面

（9）选择换极键。在槽控机界面选择对应的状态，表明当前的电解槽为"更换阳极"操作状态。

（10）打开槽罩。在现场辅助界面中执行打开槽罩操作（见图3-14-5）。

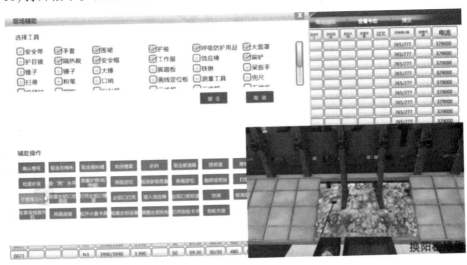

图3-14-5　现场辅助界面

（11）扒料。在现场辅助界面，选择对应的工具并提交，执行扒料操作，执行此操作后可在虚拟界面看到对应位置的扒料动作。

（12）打壳。利用多功能天车上的打壳机工具进行打壳操作。

（13）提极。利用多功能天车上的阳极夹具进行提极操作（见图3-14-6）。

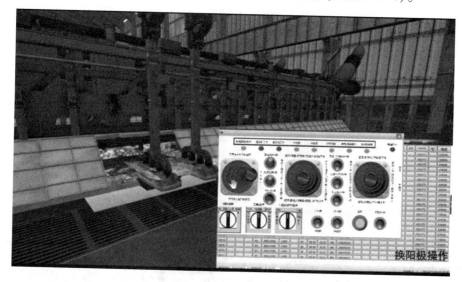

图3-14-6 提极操作

（14）安装放新极前的操作。利用多功能天车夹取新阳极组的两个新极，在现场辅助界面，选择对应的工具并提交，执行测量炉帮、检查新极质量和新极人工定位操作。

（15）安装新极。利用多功能天车进行安装新极操作（见图3-14-7）。

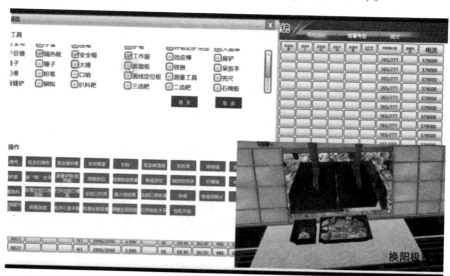

图3-14-7 安装新极操作

（16）取消【更换阳极】按钮。在槽控机界面，取消【更换阳极】按钮的选中状态。

（17）安装新极后的操作。安装新极操作完成之后，在现场辅助界面执行敲碎结壳块、打堰墙、布破碎料、布氧化铝、平整覆盖料操作。每步操作都需要选择对应的工具，例如布破碎料的工具为基础工具+多功能天车+破碎料。

（18）收尾。在现场辅助界面，执行关闭槽罩、取走碳渣箱、取走接料槽、取走石棉布操作。

（19）训练结束后退出操作系统，关闭计算机，整理电脑桌，打扫仿真实训室卫生。

六、思考题

影响电解铝换阳极的因素有哪些？

虚拟仿真九　电解铝抬母线仿真模拟实训

一、实训目的
- 掌握电解铝抬母线的原理。
- 了解仿真生产实践操作具体步骤。

二、实训原理
预熔电解槽在生产过程中，随着阳极的不断消耗，水平母线逐步下移到下限位，因此需要将母线提升到上限位，才能使电解槽连续生产。

在槽控机界面将自动调成手动，缓慢按下【抬母线】按钮，母线会逐渐抬起，抬一点就要看一下阳极是否离开电解质，抬完母线再将手动调成自动，但要注意抬母线时不能将母线抬过水平母线极限。

三、实训设备
电解铝生产虚拟仿真实训系统。

四、实训内容
电解铝生产虚拟仿真实训系统——抬母线。

五、实训步骤
（1）打开电解铝生产虚拟仿真实训系统，登录账号。

（2）查看计划。

（3）启动仿真模拟。

（4）在现场辅助界面（见图3-15-1）进行基础工具选择并提交。电解铝抬母线操作所需基础工具有安全带、手套、呼吸防护用品、大面罩、护目镜、隔热靴、安全帽、工作服等。

（5）协调。在现场辅助界面，选择对应的工具并提交，执行协调操作。

（6）核准回转计。在现场辅助界面，选择对应的工具并提交，执行核准回转计操作。

（7）画线。在现场辅助界面，选择对应的工具并提交，执行画线操作。

（8）检查母线提升机。在现场辅助界面，选择对应的工具并提交，执行检查母线提升机操作。

（9）吊具连接。利用多功能天车，移动天车上母线提升机的钩子至母线提升机上方，再下降到适当的位置。在现场辅助界面，执行吊具连接操作，执行此操作后可在虚拟界面看到天车的钩子钩住母线提升机的动作。

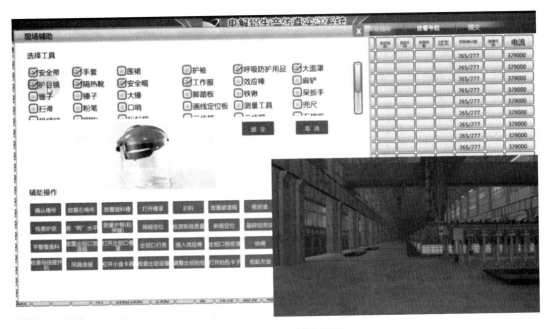

图 3-15-1　现场辅助界面

（10）选择抬母线键。在槽控机界面（见图 3-15-2）选择对应的状态，表明当前为电解槽的抬母线操作状态。

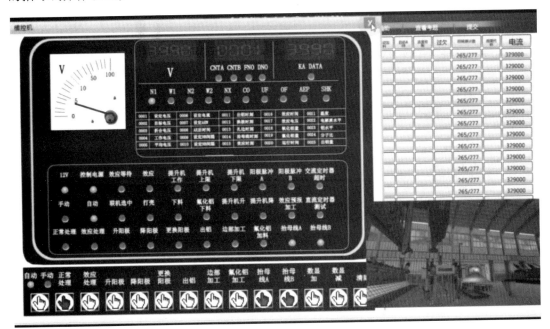

图 3-15-2　槽控机界面

（11）下降提升机。利用多功能天车将母线提升机移动到电解槽的正上方，再下降到最低点（见图 3-15-3）。

图 3-15-3　下降提升机

（12）松开小盒卡具。在现场辅助界面，执行松开小盒卡具操作。

（13）抬升母线。在槽控机界面，单击对应的按钮执行抬升母线操作，当回转计读数变化为适当范围时即可停止。

（14）拧紧小盒卡具。在现场辅助界面，执行拧紧小盒卡具操作。

（15）取消【抬母线】按钮。在槽控机界面，取消【抬母线】按钮的选中状态。

（16）提升机复位。利用多功能天车将母线提升机放回到最开始的位置。

（17）训练结束后退出操作系统，关闭计算机，整理电脑桌，打扫仿真实训室卫生。

六、思考题

影响电解铝抬母线的因素有哪些？

虚拟仿真十 电解铝出铝作业

一、实训目的
- 掌握电解铝出铝作业的原理。
- 了解仿真生产实践操作具体步骤。

二、实训原理

出铝是将电解出的铝液定期、定量地从电解槽中取出。每两次出铝之间的时间称为出铝周期。中型槽一般 1~2 天出铝一次，大型槽每天出铝一次，每次出铝量大体上等于在此周期内的铝产量。出铝一般用真空抬包来完成，抽出的铝液运往铸造部门。在锭锭铸造前，铝液要经熔剂净化、质量调配、扒渣澄清等一系列的处理，然后铸造成各种形状的铝坯或商品铝锭。

三、实训设备

电解铝生产虚拟仿真实训系统。

四、实训内容

电解铝生产虚拟仿真实训系统——出铝。

五、实训步骤

(1)打开电解铝生产虚拟仿真实训系统，登录账号。

(2)查看计划。

(3)启动仿真模拟。

(4)在现场辅助界面进行基础工具选择并提交。电解铝出铝操作所需基础工具有护袖、呼吸防护用品、大面罩、隔热靴、安全帽、工作服、手推车等。

(5)打开出铝口槽罩(见图 3-16-1)。在现场辅助界面，选择基础工具提交，打开出铝口槽罩，并进行出铝口打壳操作。

(6)运送出铝抬包(见图 3-16-2)。利用行车将出铝抬包运送到出铝口的合适位置，为出铝做准备。

(7)准备出铝。打开抬包卡子，左旋包轮，将包轮吸管插入电解槽中。

(8)出铝操作。进行出铝观察，观察曲线变化。

(9)完成出铝。出铝结束后，右旋包轮，关闭抬包卡子，并利用行车将抬包运回出铝车上。

(10)关闭出铝口槽罩。

(11)训练结束后退出操作系统，关闭计算机，整理电脑桌，打扫仿真实训室卫生。

图 3-16-1　出铝口槽罩

图 3-16-2　运送出铝抬包

六、思考题

影响电解铝出铝的因素有哪些？

虚拟仿真十一　电解铝阳极效应熄灭作业

一、实训目的

- 掌握电解铝阳极效应熄灭作业的原理。
- 了解仿真生产实践操作具体步骤。

二、实训原理

阳极效应是指阳极和电解质之间电流的传输受到抑制而产生的阻塞现象。阳极效应发生时的现象如下：火眼冒出的火苗颜色由淡蓝色变为紫色进而变为黄色，电解质与阳极接触周边有弧光放电，并伴有劈啪响声；槽电压急剧升高到 30~60 V，阳极四周的电解质停止沸腾；与电解槽并联的效应信号灯闪亮。预焙槽人工熄灭效应采用插入木棒的方法。在电解质中的氧化铝浓度达到正常范围的前提下，木棒插入高温电解质中燃烧产生的气泡，挤走阳极底面上的滞气层，使阳极重新净化恢复正常工作。这样电解质对阳极表面的湿润性变好。

三、实训设备

电解铝生产虚拟仿真实训系统。

四、实训内容

电解铝生产虚拟仿真实训系统——阳极效应熄灭。

五、实训步骤

（1）打开电解铝生产虚拟仿真系统，登录账号。

（2）查看计划。

（3）启动仿真模拟。

（4）在现场辅助界面进行基础工具选择并提交。电解铝阳极效应熄灭操作所需基础工具有手套、护袖、呼吸防护用品、大面罩、隔热靴、安全帽、工作服、手推车等。

（5）阳极效应警报提示。001 号槽发生阳极效应，伴随电压持续上升（见图 3-17-1）。

（6）插入效应棒操作（见图 3-17-2）。

（7）观察曲线（见图 3-17-3）。

（8）训练结束后退出操作系统，关闭计算机，整理电脑桌，打扫仿真实训室卫生。

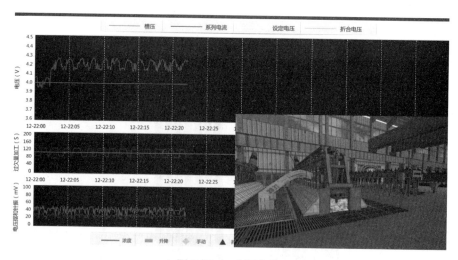

图 3-17-1　电压曲线

图 3-17-2　插入效应棒操作

图 3-17-3　观察曲线

六、思考题

影响电解铝阳极效应熄灭的因素有哪些。

在线测试

测一测　扫一扫

课程思政　**金川集团镍钴工业科技进步史**
——科技助力"镍都"高质量发展

金川集团股份有限公司(以下简称金川集团)的发展史,被业界誉为"一部镍钴工业的科技进步史"。20世纪60年代的"高镁镍精矿电炉熔炼"等工艺开始,金川集团产出金川第一批电镍;1978年后,金川集团填补了我国镍钴及铂族金属生产工艺技术空白,屡次打破国外技术封锁,涌入全球镍钴生产企业先进行列,使"金川经验""金川模式"成为国内依靠科技进步发展企业的典范。

拓展阅读　**庖丁解牛**
——掌握规律、利用规律、反复磨砺必成大器

只见庖丁注目凝神,提气收腹,挥舞牛刀,大牛应声倒地。随后,他手掌朝这儿一伸,肩膀往那边一顶,伸脚往下面一抻,屈膝往那边一撩,动作轻快灵活,屠刀刺入牛,皮肉与筋骨剥离,不一会儿,整头牛就被解体了。庖丁解牛能达到"游刃有余"的境界,原因在于他从长期的实践中认识和掌握了牛的结构,因此解起牛来能做到井然有序、合乎韵律。我们可以通过虚拟仿真实训系统了解工艺机理、熟悉操作,等实际生产时就能如庖丁解牛般"游刃有余"。

参考文献

[1] 邱竹贤. 有色金属冶金学[M]. 北京：冶金工业出版社，1988.

[2] 傅崇说. 有色冶金原理[M]. 2版. 北京：冶金工业出版社，2007.

[3] 张启修. 冶金分离科学与工程[M]. 北京：科学出版社，2004.

[4] 杨显万，邱定蕃. 湿法冶金[M]. 北京：冶金工业出版社，1998.

[5] 王炜，朱航宇. 钢铁冶金虚拟仿真实训[M]. 北京：冶金工业出版社，2020.

[6] 黄培云. 粉末冶金原理[M]. 2版. 北京：冶金工业出版社. 2008.

[7] 柯华. 现代粉末冶金基础与技术[M]. 哈尔滨：哈尔滨工业大学出版社，2020.

[8] 李坚. 轻稀贵金属冶金学[M]. 北京：冶金工业出版社，2018.

[9] 刘自力，刘洪萍. 氧化铝制取[M]. 北京：冶金工业出版社，2010.

[10] 王青歌. 基础化学[M]. 北京：化学工业出版社，2015.

[11] 朱云. 冶金设备[M]. 2版. 北京：冶金工业出版社，2013.

[12] 倪志莲，龚素文. 过程控制与自动化仪表[M]. 2版. 北京：机械工业出版社，2019.

[13] 李莉. 西门子S7-300 PLC项目化教程[M]. 2版. 北京：机械工业出版社，2021.

[14] 张振国. 工厂电气与PLC控制技术[M]. 5版. 北京：机械工业出版社，2016.

[15] 孔凡才，陈渝先. 自动控制原理与系统[M]. 4版. 北京：机械工业出版社，2018.

[16] 孙慧峰. 过程控制系统的分析与调试[M]. 2版. 北京：科学出版社，2010.

[17] 石德珂，王红洁. 材料科学基础[M]. 3版. 北京：机械工业出版社，2020.

[18] 丁德全. 金属工艺学[M]. 北京：机械工业出版社，1998.

[19] 鞠鲁粤. 工程材料与成形技术基础[M]. 2版. 北京：高等教育出版社，2007.

[20] 机械工业理化检验人员技术培训和资格鉴定委员会. 金相检验[M]. 上海：上海科学普及出版社，2003.

[21] 张忠诚，张双杰，李志永. 工程材料及成形工艺基础[M]. 北京：航空工业出版社，2019.